U0174777

"十四五"职业教育优选教材·信息技术类

综合布线设计与施工
（第4版）

邓泽国　主编

电子工业出版社

Publishing House of Electronics Industry

北京·BEIJING

内 容 简 介

计算机网络综合布线是一门实践性很强的专业基础课。本书是按照职业院校计算机网络综合布线课程的基本教学要求，结合作者多年来的教学实践经验，围绕培养学生能力这条主线，针对省级、国家级职业院校技能大赛网络综合布线技术项目的要求及发展趋势而编写的。

本书为理实一体化教材，全书共 13 章，含有 31 个任务，7 个综合布线实训项目。主要内容包括：职业院校技能大赛网络综合布线技术项目的介绍，综合布线设计、测试和验收，综合布线的常用器材和基本操作，网络配线技术，光纤工程，综合布线各子系统布线和综合布线实训，并附有综合布线永久链路性能指标和信道测试性能指标。

本书可作为中职、高职院校计算机网络综合布线课程的教材，也可作为职业院校网络综合布线技能大赛的指导用书和学习网络综合布线技术的参考书。

本书电子教学课件（PPT文档）可从华信教育资源网（www.hxedu.com.cn）免费注册后下载，或者通过与本书责任编辑（zhangls@phei.com.cn）联系获取。

图书在版编目（CIP）数据

综合布线设计与施工 / 邓泽国主编. —4 版. —北京：电子工业出版社，2024.1
"十四五"职业教育优选教材. 信息技术类

ISBN 978-7-121-46685-4

Ⅰ. ①综… Ⅱ. ①邓… Ⅲ. ①计算机网络－布线－职业教育－教材 Ⅳ. ①TP393.033

中国国家版本馆 CIP 数据核字（2023）第 220527 号

责任编辑：张来盛（zhangls@phei.com.cn）
印　　刷：北京天宇星印刷厂
装　　订：北京天宇星印刷厂
出版发行：电子工业出版社
　　　　　北京市海淀区万寿路 173 信箱　邮编：100036
开　　本：787×1092　1/16　印张：15.25　字数：400 千字
版　　次：2015 年 1 月第 1 版
　　　　　2024 年 1 月第 4 版
印　　次：2024 年 1 月第 1 次印刷
定　　价：59.80 元

凡所购买电子工业出版社图书有缺损问题，请向购买书店调换。若书店售缺，请与本社发行部联系，联系及邮购电话：（010）88254888/88258888。

质量投诉请发邮件至 zlts@phei.com.cn，盗版侵权举报请发邮件至 dbqq@phei.com.cn。

本书咨询联系方式：（010）88254467。

前　　言

当前，职业教育大赛发展迅速，全国中职级比赛项目由 2011 年的 10 个专业类别 35 项增加至现在的 12 个专业类别 45 项，网络综合布线（简称综合布线）是大、中专主要赛项之一。大赛促进了高技能人才培养，促进了教学改革，提供了学习交流的平台，并促进了职业教育的发展，这已经成为职业教育的共识。举办职业技能大赛更是贯彻落实党中央、国务院大力发展职业教育方针的重要举措，是教育工作中的一项重大制度设计与创新，是培养、选拔技能型人才的一个重要平台，也是对职业教育近些年来深化改革、加快发展成果的检验。

综合布线是一个新兴的专业技术领域和市场，现在随处可见遍布各行各业的综合信息系统，如交通、小区物业、商场、银行等的监控系统，社区楼宇安防系统，智能小区信息化网络等，可以说 21 世纪是综合布线的世界，市场急需大批综合布线技术人员，也需要大批生产制造技术工人，更需要大批专业工程技术人员进行项目设计、施工、监理和维护。这些岗位非常适合职业院校的学生，也为职业院校计算机应用类专业的教学和学生就业开辟了新的领域。

综合布线系统是现代智慧城市、智慧社区、智能建筑、智能家居、智能工厂和现代服务业的基础设施。实践表明，网络系统的故障 70% 发生在布线系统上，布线直接决定人们上网的速度和稳定性。当前，各行业急需大批掌握网络布线系统安装施工和运维服务等技能的人才，网络布线也是职业院校信息技术类计算机应用、计算机网络技术、网络安防系统安装与维护、通信系统工程安装与维护、物联网技术应用专业的核心课程和学生就业方向。

在对综合布线产业的发展前景、人才需求及培养模式做了深入分析的基础上，针对目前市场上还没有专门针对中职学校综合布线大赛教程的现状，编者结合近几年全国部分省级综合布线选拔赛和国家级综合布线大赛的实际情况，编写了本书。

本书以省级、国家级职业院校技能大赛网络综合布线技术项目为主线，融入综合布线理论知识，并精选部分省市选拔赛试题和国家级大赛试题；依据 GB 50311—2016《综合布线系统工程设计规范》和 GB/T 50312—2016《综合布线系统工程验收规范》，编者根据综合布线工程的实际，以职业岗位工作任务为源头，经分析、归纳、提炼，精心设计了这本适合中职、高职院校学生学习，针对中职、高职院校技能大赛的、实用性很强的教程，并按照学生的认知规律和任务的难易程度安排教学内容，将抽象的理论知识融入具体的工作任务，力求达到"操作技能熟练，理论知识够用"的教学目标。

本书为理实一体化教材，全书共 13 章，含有 31 个任务和 7 个综合布线实训项目。主要内容包括：职业院校技能大赛网络综合布线技术项目的介绍，综合布线设计、测试和验收，综合布线的常用器材和基本操作，网络配线技术，光纤工程，综合布线各子系统布线，以及综合布线实训。各章内容安排如下：

第 1 章主要介绍综合布线的分类、设计规范、教学及技能大赛的软／硬件环境、综合布线的评价标准等；

第 2 章介绍综合布线的常用术语和系统设计的安装工艺要求；

第 3 章介绍综合布线工程测试和验收项目的内容和方法；

第 4 章介绍配线端接和网络布线的基本操作；

第 5 章介绍端接原理以及端接方法和步骤，并通过 7 个任务，详细介绍配线实训仪器的使用方法；

第 6 章介绍工作区子系统的设计规范和安装要求，并通过 4 个任务，介绍工作区的插座、模块、线槽和线管布线；

第 7 章介绍配线子系统的设计规范，并通过 9 个任务，介绍配线子系统线管、线槽和支架的安装方法；

第 8 章介绍干线子系统布线的设计规范，并通过 4 个任务，介绍干线子系统线管、线槽和钢缆的扎线方法；

第 9 章介绍设备间子系统布线的设计规范和设备安装要求，并通过 2 个任务介绍机柜、配线架和理线环的安装方法；

第 10 章介绍电信间子系统布线的设计规范和安装工艺要求以及综合布线标识，并通过 1 个任务介绍电信间设备的安装；

第 11 章介绍建筑群子系统布线的设计规范和安装工艺要求，并通过 1 个任务介绍进线间入口管道的敷设方法；

第 12 章介绍光纤配线系统的构成、光纤配线系统的拓扑结构、光纤的安装设计、光缆施工、光纤测试的方法和步骤，并通过 3 个任务详细介绍光纤的熔接、光缆的敷设和光纤的测试；

第 13 章通过 7 个综合布线实训项目（主要是省级大赛和国家级大赛的真题），介绍省级、国家级综合布线大赛的基本出题方法和解题思路。

本书的编写体现了"做中学，做中教""理实一体化"的教学理念，所设定的教师讲授和学生学习操作的教学环境是在计算机网络综合布线实训室中进行的，体现了中职、高职院校计算机教学的特点，有利于学生模仿教师的操作，同时也加大了知识与技能传授的信息量，保证了实训课堂教学有较高的效率。本书可以作为中职、高职院校计算机网络综合布线课程的教材，也可以作为参加职业院校技能大赛网络综合布线技术项目的指导用书和学习网络综合布线技术的参考书。

本书由延安大学西安创新学院教授、朝阳工程技术学校正高级讲师邓泽国主编。在编写过程中，得到了西安开元电子实业有限公司驻辽宁代表杨欢庆先生的大力支持和帮助，在此表示衷心的感谢。在编写过程中也参考了国内外有关文献和互联网资料，由于无法一一查明原作者，所以不能准确列出出处，敬请谅解。

邓泽国
2023 年 9 月

目　　录

第1章　网络综合布线概述

我们生活在一个信息化时代，计算机网络与人们的生活息息相关。无论是政府机关、企业单位、事业单位，还是写字楼、住宅楼，都离不开现代化的办公和信息传输系统，而这些系统全部都是由网络综合布线（简称综合布线）系统来支持的。本章对综合布线系统的分类、布线规范做集中介绍，同时对目前职业学校综合布线技能大赛的软/硬件环境和评价标准也做比较详细的说明。

1.1　综合布线系统

综合布线系统是指用数据和通信电缆、光缆、各种软电缆及有关连接硬件构成的通用布线系统，是支持语音、数据、影像和其他信息技术的标准应用系统。它是生活小区智能化的基础，也是办公自动化的基础，更是现代智慧城市、智慧社区、智能建筑、智能家居、智能工厂和现代服务业的基础设施。

1.1.1　综合布线系统的产生和特点

综合布线系统是美国 AT&T 公司贝尔实验室在 20 世纪 80 年代末为了克服传统布线系统的缺点而推出的结构化综合布线系统。

传统布线方式由于没有统一的设计，其施工、使用和管理都不规范。当工作场所需要重新规划，设备需要更换、移动或增加时，只能重新敷设线缆，安装插头、插座，并且需要中断办公，显然布线工作非常费时、耗资，效率很低。而综合布线系统是一套预先设置的用于建筑物内或建筑群之间为计算机、通信设施与监控系统传送信息的通道。它将语音、数据、图像等设备彼此互连，同时能使上述设备与外部通信数据网络相连接。综合布线系统为智能大厦和智能建筑群中的信息设施提供了多厂家产品兼容，模块化扩展、更新，以及系统灵活重组的可能性。它既为用户创造了现代信息系统环境，强化了控制与管理，又为用户节约了费用，减少了投资。可以说，综合布线系统已成为现代化建筑的重要组成部分。

综合布线系统应用标准材料，以非屏蔽双绞线和光纤作为传输介质，采用组合压接方式，统一进行规划设计，组成一套完整而开放的布线系统。该系统将语音、数据、图像信号的布线与建筑物安全报警及监控管理信号的布线综合在一个标准的布线系统内。在墙壁上或地面上设置有标准插座，这些插座通过各种适配器与计算机、通信设备以及楼宇自动化设备相连接。

采用星形拓扑结构、模块化设计的综合布线系统，与传统的布线相比有许多特点，如开放性、灵活性、模块化、可靠性等。

（1）开放性。综合布线系统几乎对所有著名厂商的产品都是开放的，并支持所有的通信协议，如 Ethernet、Token-ring、FDDI、ISDN、ATM、EIA-232-D、RS-422 等。

（2）灵活性。综合布线系统的灵活性主要表现在三个方面：灵活组网、灵活变位和应用类型的灵活变化。

（3）模块化。综合布线系统的接插元件（如配线架、终端模块等）采用积木式结构，可以方便地进行更换、插拔，使管理、扩展和使用变得十分简单。

（4）可靠性。综合布线系统的所有器件均通过 UL、CSA 及 ISO 认证，每条信息通道都要采用物理星形拓扑结构，点到点端接，任何一条线路故障均不影响其他线路的运行，同时为线路的运行维护及故障检修提供了极大的方便，从而保障了系统的可靠运行。

1.1.2　综合布线系统组成

国家标准《综合布线系统工程设计规范》（GB 50311—2016）中规定：综合布线系统的基本构成应包括配线子系统、干线子系统和建筑群子系统。由于它采用星形拓扑结构，任何一个子系统都可独立地接入综合布线系统中，因此系统易于扩充，布线易于重新组合，也便于查找和排除故障。在工程实践中，人们通常将综合布线系统划分为"一区、二间、三系统"，即工作区、电信间、设备间、配线子系统、干线子系统和建筑群子系统。图 1-1 所示是综合布线系统的典型组成。

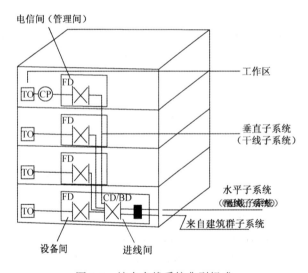

图 1-1　综合布线系统典型组成

（1）工作区：是需要设置终端设备的独立区域。工作区子系统由终端设备和连接到信息插座之间的设备组成，包括计算机、电话、传真机、信息插座、插座盒、连接跳线和适配器等。

（2）电信间：也称为管理间或配线间，一般设置在每层楼的中间位置，主要安装楼层配线设备（FD），如楼层机柜、配线架、交换机等。当楼层信息点很多时，可以设置多个电信间。电信间子系统是连接干线子系统和配线子系统的设备。电信间子系统一般采用单点管理双交接。交接场所的结构取决于工作区、综合布线系统规模和选用的硬件。在管理规模较大、较复杂、有二级交接间时，才设置双点管理双交接。在管理点，根据应用环境用标记插入条来标记各个端接场。

（3）设备间：是在每幢建筑物的适当地点进行网络管理和信息交换的场所，一般称为网络中心或主控机房，它是建筑群（或外联网络）子系统进入建筑物后连接干线子系统的场所。设备间主要安装建筑物配线设备。设备间由建筑物进线设备、电话、计算机等各种主机设备及其安保配线设备等组成。

（4）进线间：是建筑物外部通信和信息管线的入口部位，并可作为入口设施和建筑群配线设备（CD）的安装场地。

（5）配线子系统：又称水平子系统，由工作区的信息插座模块，信息插座模块至电信间配线设备的配线电缆和光缆，电信间的配线设备及设备线缆和跳线等组成。

一般情况下，水平电缆要采用 4 对双绞线电缆。在配线子系统中有高速率应用的场合，要采用光缆，即光纤到桌面。

配线子系统根据整个综合布线系统的要求，要在二级交接间、交接间或设备间的配线设备上进行连接，以构成电话、数据、电视系统和监视系统，并方便地进行管理。

（6）干线子系统：又称垂直子系统，由设备间至电信间的干线电缆和光缆，安装在设备间的建筑物配线设备（BD）及设备线缆和跳线组成。

（7）建筑群子系统：是建筑物与建筑物之间的网络连接系统，是将每一幢建筑物的线缆延伸到建筑群内其他建筑物的通信设备和设施。它包括铜缆、光纤，以及防止其他建筑物电缆浪涌电压进入本建筑物的保护设备。

1.1.3 综合布线设计的标准、原则和步骤

1. 综合布线设计标准规范

熟悉和了解综合布线系统现行标准对于综合布线系统的设计、项目实施、项目验收和维护是非常重要的。

目前，国际上常用的综合布线标准有：
- 国际布线标准 ISO/IEC 11801:2017《信息技术 用户建筑物综合布线》；
- 欧洲标准 EN 50173《建筑物布线标准》；
- 美国国家标准协会 TIA/EIA 568A《商业建筑物电信布线标准》；
- 美国国家标准协会 TIA/EIA 569A《商业建筑物电信布线路径及空间距标准》；
- 美国国家标准协会 TIA/EIA TSB-67《非屏蔽双绞线布线系统传输性能现场测试规范》；
- 美国国家标准协会 TIA/EIA TSB-72《集中式光缆布线准则》。

我国现在执行的综合布线行业常用标准有：
- GB 50311—2016《综合布线系统工程设计规范》；
- GB/T 50312—2016《综合布线系统工程验收规范》；
- GB 50174—2017《数据中心设计规范》；
- GB/T 29269—2012《信息技术 住宅通用布缆》；

- GB/T 34961.2—2017《信息技术 用户建筑群布缆的实现和操作 第 2 部分：规划和安装》；
- GB/T 34961.3—2017《信息技术 用户建筑群布缆的实现和操作 第 3 部分：光纤布缆测试》。

2．综合布线设计原则

百年大计，质量第一。一定要科学设计，精心施工，及时维护，才能确保系统达到预期目的。在进行综合布线设计时要考虑以下几点：

（1）正确理解系统需求和长远规划。综合布线使用期一般较长，考虑应尽量周到。

（2）考虑未来应用对综合布线的需求，有抗干扰要求的，需采用屏蔽线缆。

（3）传输介质和接插件在接口和电气特性等方面需保持一致，不宜采用多家产品混用的方式。

（4）考虑采用最符合国际标准、性价比更优越、工艺标准更高的产品。

（5）布线产品一般保用期需在 15 年以上。

（6）水平布线等隐蔽工程尽量一步到位。

（7）选择实力强大、经验丰富、管理规范、售后服务良好的系统集成商。

3．综合布线设计步骤

综合布线系统的设计一般遵循以下步骤：

（1）分析用户需求；

（2）获取建筑物图纸；

（3）系统结构设计；

（4）布线路由设计；

（5）可行性论证；

（6）绘制综合布线施工图；

（7）编制综合布线用料清单。

1.2 综合布线软件环境

2022 年全国职业院校技能大赛中职组计算机技能比赛规程中规定的软件环境为：

- Microsoft Windows 10 旗舰版（64 位中文版）；
- WinRAR 6.0（64 位中文版）；
- WPS Office 2019 专业版；
- Internet Explorer 11 试用版；
- Snipaste v2.5；
- AutoCAD 2016；
- Microsoft Visio 2016。

1.3　综合布线硬件设备

1.3.1　综合布线实训设备简介

下面介绍综合布线实训设备。

（1）典型实训设备立体布局如图 1-2 所示。

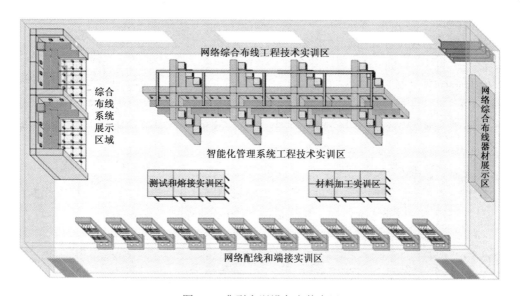

图 1-2　典型实训设备立体布局

（2）典型实训设备学习效果图如图 1-3 所示。

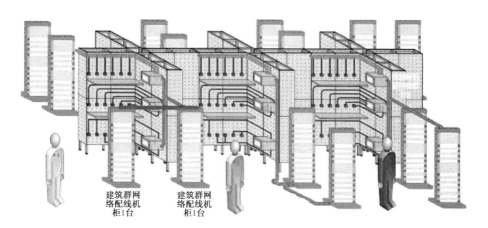

图 1-3　典型实训设备学习效果图

（3）综合布线工程技术实训区：安装网络综合布线实训装置。

- 产品型号：KYSYZ-04-0433；
- 产品规格：全钢结构，长 2.64 m，宽 2.64 m，高 2.6 m；

- 实训人数：满足 12 名学生同时实训。

（4）网络布线材料制作加工区：安装不锈钢实训操作台 4 张。

- 产品型号：KYSXT-01-03；
- 产品规格：长 1.2 m，宽 0.6 m，高 0.75 m；
- 区域功能：在操作台上安装工具和进行材料加工。

（5）工具器材存放保管区：安装线管存放架 1 个，长 1.8 m，宽 0.38 m，高 1.8 m。存放各种线槽、线管和工具箱等较大器材。

（6）综合布线实训产品的特点。

① 具有综合布线设计和工程技术实训平台功能；

② 满足每组 3～4 人同时或者交叉进行综合布线工程 7 个子系统的实训功能；

③ 能够同时开展 4 个工作区子系统、4 个设备间子系统、4 个干线（垂直）子系统和 4 个配线（水平）子系统等项目的实训功能；

④ 综合布线实训设备为全钢结构，预设各种网络设备、插座、线槽、机柜等的安装螺孔，实训过程保证无尘操作，重点突出工程技术实训；

⑤ 保证实训次数 5 000 次以上，实训设备寿命可达 10 年以上；

⑥ 实训一致性好，即相同实训项目的实训结果相同，并且每组实训难易程度相同；

⑦ 具有搭建多种网络永久链路、信道链路和测试链路的平台功能；

⑧ 扩展功能强大，能够扩展为监控系统、报警、智能化管理系统实训平台等。

（7）实训项目。

① 具有智能化建筑模型功能，开展综合布线系统工程规划和设计实训；

② 能够进行综合布线系统各个子系统的单独实训和综合实训及考核；

③ 工作区子系统实训，信息插座设计和安装实训；

④ 配线子系统实训，布线路由设计，以及各种线槽、线管和桥架布线安装实训；

⑤ 管理间子系统实训，壁挂式机柜及配线设备布线安装实训；

⑥ 干线子系统实训，各种线槽、线管布线安装实训；

⑦ 设备间子系统实训，立式机柜及配线设备布线安装实训。

⑧ 建筑群子系统实训。

1.3.2　网络配线实训装置简介

1. 网络配线实训装置的结构、设备位置和规格

网络配线实训装置的结构如图 1-4 所示，设备位置如图 1-5 所示。

- 产品型号：KYPXZ-01-05；
- 外形尺寸：长 600 mm，宽 530 mm，高 1 800 mm；
- 电压 / 功率：交流电 220 V/50 W。
- 实训人数：2～4 名学生 / 台。

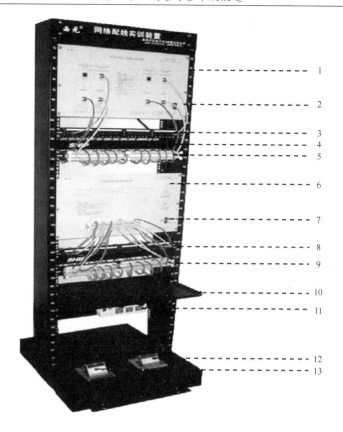

说明：

1—网络跳线测试仪　　　　　　2—网络跳线测试仪电源开关　　　3—RJ-45 24 口网络配线架

4—理线环　　　　　　　　　　5—100 回 110 型通信跳线架　　　6—网络压接线实训仪

7—网络压接线实训仪电源开关　8—RJ-45 24 口网络配线架　　　　9—100 回 110 型通信跳线架

10—零件／工具盒　　　　　　　11—设备电源插座　　　　　　　12—地弹网络插座

13—地弹电源插座

图 1-4　网络配线实训装置的结构

3．主要配套设备

（1）安装有网络压接线实训仪 1 台。共有 96 个指示灯分为 48 组，同时显示 6 根双绞线全部 96 次的端接情况。每台设备具有同时端接 6 根双绞线两端的功能，每次实训端接 96 次。每芯线端接有对应的指示灯，直观而持续地显示电气连接状况和线序。能够直观地判断 6 根双绞线跨接、反接、短路、断路等各种故障。

（2）安装有网络跳线测试仪 1 台。共有 64 个指示灯分为 32 组，同时显示 4 根跳线全部端接和线序情况。能够同时测量 4 根网络跳线，每根跳线对应 8 组 16 个指示灯直观和持续显示两端 RJ-45 接头端接状况和线序，显示跨接、反接、短路、断路等故障。

（3）安装有标准 19 英寸（约 48 cm，1 英寸=2.54 cm）24 口网络配线架 2 台。

（4）安装有标准 19 英寸 100 回 110 型通信跳线架 2 台。

（5）安装有标准 19 英寸网络理线环 2 台。

（6）安装有标准 RJ-45 和 RJ-11 地弹网络插座 1 个，地弹电源插座 1 个。

（7）安装有零件 / 工具盒 1 个。

（8）立柱具有桥架布线实训功能。

4．网络配线实训装置的特点

（1）专业实训设备，实训项目多，性价比高，取代传统双绞线+测线仪的简单方式。

（2）能够进行网络双绞线配线端接实训，保证 5 000 次以上实训。每次端接 6 根双绞线的两端，每根双绞线两端各端接线 8 次，每次实训每人端接线 96 次。

（3）共有 96 个指示灯分为 48 组，同时和持续显示 6 根双绞线全部 96 次端接的情况。每芯线端接有对应的指示灯直观和持续显示电气连接状况和线序，直观判断 6 根双绞线跨接、反接、短路、断路等各种故障。

（4）能够制作和同时测量 4 根网络跳线，对应指示灯显示两端 RJ-45 接头端接连接状况和线序。

（5）每根跳线对应 8 组 16 个指示灯直观和持续显示连接状况和线序，共有 64 个指示灯分为 32 组，同时显示 4 根跳线的全部线序情况。

（6）能够直观判断网络跳线制作时出现的跨接、反接、短路、断路等故障。

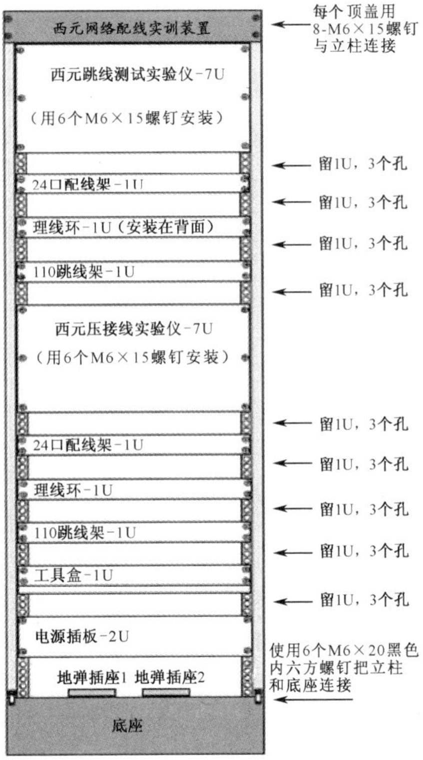

图 1-5　网络配线实训装置的设备位置

（7）能与网络配线架、通信跳线架组合进行多种永久链路的端接实训，仿真网络机柜配线端接。

（8）能够人为模拟配线端接、永久链路的常见故障，如跨接、反接、短路、断路等。

（9）实训设备具有 5000 次以上的端接实训功能，每次实训成本非常低，连接块更换方便。

（10）具有搭建多种网络永久链路和信道测试链路平台的功能。

（11）综合布线技能大赛指定产品，具有实训考核功能，指示灯直接显示结果，易评判和打分。

（12）开放式标准网络机柜结构，落地安装，立式操作，模拟工程实际情况，稳定实用。

（13）立柱具有桥架布线实训功能。

5．主要实训功能

（1）标准网络机柜和设备安装实训功能；

（2）网络模块原理端接实训功能；

（3）RJ-45 配线架端接实训功能；

（4）110 型通信跳线架端接实训功能；

（5）RJ-45 水晶头制作和测试实训功能；

（6）基本永久链路实训功能（跳线测试仪+RJ-45 配线架）；

（7）复杂永久链路实训功能（跳线测试仪+RJ-45 配线架+110 型通信跳线架）。

1.3.3　配套工具箱

为了方便实训室的工具管理，专门设计了适合综合布线工程现场使用的工具箱，如图 1-6 所示，包括布线工程常用的基本工具。工具箱采用圆弧型材和铝板外壳，内部设置有专门的成型内衬来固定工具，每个工具零件都有对应的金属铭牌标注。

图 1-6　配套工具箱

产品型号：KYGJX-11。

产品规格：长 515 mm，高 180 mm，宽 315 mm。

产品功能：圆弧型材，铝板外壳，成型内衬。

工具清单和规格如表 1-1 所示。

表 1-1　工具清单和规格

序　号	工具名称	规　格	数量	用　途
1	网络压线钳	RJ-45 口/RJ-11 口	2 把	端接 RJ-45/RJ-11 头
2	网络打线钳	单口	2 把	端接模块
3	钢卷尺	2 m	2 把	测量长度
4	活扳手	150 mm（6 英寸）	2 把	固定螺栓和螺母
5	螺丝刀	Φ6×150 十字头带磁性	2 把	固定十字头螺钉
6	壁纸刀	塑柄美工刀，170 mm，单发	2 把	裁断等
7	手持锯弓	长 200～300 mm，可调	2 套	锯断 PVC 线槽／线管
8	线管剪	3～42 mm	1 把	剪断 PVC 管
9	老虎钳	203 mm（8 英寸）	2 把	夹持物件，更换 5 对连接块
10	尖嘴钳	152 mm（6 英寸）	1 把	夹持物件
11	镊子	135 mm	1 把	清理模块夹线用
12	不锈钢角尺	300 mm	1 把	测量角度和长度
13	条形水平尺	400 mm	1 把	测量水平和垂直
14	弯管器	Φ 20	1 把	弯曲 Φ20 PVC 管
15	牵引钢丝绳	Φ3，长 4 m，防水	1 根	线管内穿线牵引使用
16	计算器	长 135 mm，宽 100 mm	1 个	计算
17	钻头	Φ10，长 130 mm	2 个	与电钻配套开孔
18	钻头	Φ8，长度 110 mm	2 个	与电钻配套开孔

序　号	工具名称	规　格	数　量	用　途
19	钻头	$\Phi 6$，长 90 mm	2 个	与电钻配套开孔
20	批头	$\Phi 6$，长 50 mm，十字头	2 个	与电钻配套固定十字头螺钉
21	水晶头	RJ-45	10 个	
22	螺钉	M6×16	10 个	
合　计		22 种 52 件		

1.4　综合布线评价

1.4.1　综合布线系统设计评价项目

综合布线系统工程的设计，主要涉及既有建筑物改造和新建建筑物综合布线系统设计，主要包括以下工作任务：

（1）综合布线系统信息点规划设计和点数统计表。信息点数量和位置的规划设计非常重要，直接决定项目投资规模。一般使用 Excel 工作表或 Word 表格，主要设计和统计建筑物的数据、语音、控制设备等信息点数量。

（2）综合布线系统图。系统图直观反映工程规模以及设备和器材数量，指导施工。它一般使用 AutoCAD 软件完成，也可以使用 Visio 软件完成。

（3）综合布线系统施工图。施工图是项目安装施工和预算的依据，一般在建筑物施工图电子版中直接添加。设计部门使用 AutoCAD 软件完成，主要设计布线路由和安装位置。

（4）综合布线系统工程材料统计表。用来统计工程中使用的全部材料，包括布线器材、配件和辅料等。

（5）综合布线系统工程预算表。一般包括项目前期概算、项目合同预算和竣工决算，执行国家预算定额。

（6）综合布线系统端口对应表。一般开工前，对每个信息点进行命名和编号，并且对应到每个设备端口。

（7）综合布线系统工程施工进度表。用于安排项目工期和每日进度。

1.4.2　综合布线工程管理评价要求

设备间、电信间、进线间和工作区的配线设备、线缆、信息点等设施，要按一定的模式进行标识和记录，并符合下列规定：

（1）综合布线系统工程要采用计算机进行文档记录与保存，简单且规模较小的综合布线系统工程可按图纸资料等纸质文档进行管理，并做到记录准确、更新及时、便于查阅；文档资料应实现汉化。

（2）综合布线的电缆、光缆、配线设备、端接点、接地装置、敷设管线等组成部分都要给定唯一的标识符，并设置标签。标识符应采用相同数量的字母和数字等标明。

（3）电缆和光缆的两端均应标明相同的标识符。

（4）设备间、电信间、进线间的配线设备要采用统一的色标区别各类业务与用途的配线区。

（5）所有标签应保持清晰、完整，并满足使用环境要求。

对于规模较大的布线系统工程，为了提高布线工程维护水平与网络安全，应该采用电子配线设备对信息点或配线设备进行管理，以显示与记录配线设备的连接、使用及变更状况。

综合布线系统相关设施的工作状态信息包括：设备和线缆的用途、使用部门，局域网的拓扑结构，信息传输速率，终端设备配置状况，占用器件编号、色标，链路与信道的功能，各主要指标参数，以及设施完好状况、故障记录等；还应包括设备位置和线缆走向等内容。

1.4.3 网络综合布线工程评价标准

网络综合布线工程评价标准如表 1-2～表 1-5 所示。

表 1-2 综合布线工程技术评分表（第一部分，总分 600 分）

名称	评 分 细 则	评分等级	得分	备 注
点数统计表（200 分）	项目名称正确 20 分，否则 0 分	0, 20		表头名称中必须有"网络信息点数量统计表"字样
	表格设计合理 30 分，否则 0 分	0, 30		行、列宽度合适，项目齐全，名称正确
	数量正确 100 分，否则 0 分	0, 100		表格任何一项错误不得分
	表格说明正确完整 30 分，否则 0 分	0, 30		
	签字和日期完整 20 分	0, 10, 20		签署了竞赛组编号 10 分，日期完整 10 分
设计和绘制系统图（100 分）	标注 BD、FD、TO 符号正确 20 分	0～20		每少 1 个符号扣 5 分，否则 0 分
	配线架图形符号正确和位置合理 20 分，错误 0 分	0, 20		符号正确 10 分，位置合理 10 分
	布线路由和连接关系合理 20 分，否则 0 分	0, 20		
	信息点数量正确 10 分，否则 0 分	0, 10		
	图面布局合理 5 分，否则 0 分	0, 5		
	说明完整 10 分，否则 0 分	0, 10		
	标题栏合理 15 分	0, 5, 10, 15		包括项目名称 5 分、签字 5 分和日期 5 分
施工图（300 分）	图面设计布局合理，位置尺寸标注清楚、正确 40 分，否则 0 分	0, 40		
	标题栏完整，签署参赛队机位号 20 分，否则 0 分	0, 20		
	说明清楚和正确 40 分，否则 0 分	0, 40		
	器材规格选择正确 20 分，否则 0 分	0, 20		
	机柜和插座位置、规格正确 40 分，否则 0 分	0, 40		
	垂直布线路由位置正确 40 分，否则 0 分	0, 40		
	水平布线路由位置正确 40 分，否则 0 分	0, 40		
	信息点数量配置合理、正确 60 分，否则 0 分	0, 60		
第一部分得分				

表 1-3　综合布线工程技术评分表（第二部分，总分 1450 分）

名　称	评分细则	总　分	备　注
网络跳线制作和线序测试（100 分）	长度正确 5 分，长或短 5 mm 不得分		共 5 根跳线，每根跳线 20 分
	线序正确 5 分，只要错一处就不得分		跳线 1：　　　　跳线 2：
	端接正确 5 分（两端），否则 0 分		跳线 3：　　　　跳线 4：
	剪掉牵引线 5 分（两端），否则 0 分		跳线 5：
测试链路和线序测试（540 分）	如果出现路由错误，扣除该组链路 135 分		
	线序和端接正确（5 分/处×6 处）		得分：
	电气连通（30 分 / 组）		链路 1：　　　　链路 2：
	每根跳线长度合适（5 分/根×3 根）		链路 3：　　　　链路 4：
	剥线长度合适（8 分/处×6 处）		
	剪掉牵引线（2 分/处×6 处）		
复杂永久链路端接（810 分）	如果出现路由错误，扣除该组链路 135 分		
	线序和端接正确（5 分/处×6 处）		得分：
	电气连通（30 分 / 组）		链路 1：　　　　链路 2：
	每根跳线长度合适（5 分/根×3 根）		链路 3：　　　　链路 4：
	剥线长度合适（8 分/处×6 处）		链路 5：　　　　链路 6：
	剪掉牵引线（2 分/处×6 处）		
第二部分得分			

表 1-4　综合布线工程技术评分表（第三部分，总分 2740 分）

名称		评分细则	得分	备　注
Φ20 PVC 冷弯管安装布线（1160 分）	信息插座安装	每个底盒安装位置正确 10 分，否则 0 分；共 6 个底盒		信息插座得分：
		每个模块端接正确 30 分，否则 0 分；共 9 个模块		11：　12：　13：　14：　15：　16：
		每个面板安装正确 10 分，否则 0 分；共 6 个面板		
	线管安装和布线	曲率半径不合格扣 20 分 / 处，每个接缝处间隙大于 1 mm 扣 10 分		每个布线路由 50 分。有 1 处没有完成，直接扣除该路由全部分数
		布线没有做线标，每处扣 10 分		
	设备安装和配线端接	设备安装位置合理（20 分 / 台）		
		剥线长度合适（10 分 / 根）		
		线序和端接正确（30 分 / 根）		一共 9 根线
		预留线缆长度合适（5 分 / 根）		
		剪掉牵引线（5 分 / 根）		

（续表）

名称	评 分 细 则		得分	备 注
PVC 线槽安装布线（1280 分）	信息插座安装	安装位置正确 10 分，否则 0 分；共 6 个底盒		信息插座得分：
		模块端接正确 30 分，否则 0 分；共 8 个模块		21：　　22：　　23：
		面板安装正确 10 分，否则 0 分；共 6 个面板		24：　　25：　　26：
	线槽安装和布线	每个接缝处间隙大于 1 mm 扣 10 分		每个弯头 50 分，每个布线路由有 1 处没有完成，直接扣除该路由全部分数
		布线没有做线标，每处扣 10 分		
	设备安装和配线端接	设备安装位置合理（20 分 / 台）		
		剥线长度合适（10 分 / 根）		一共 8 根线
		线序和端接正确（30 分 / 根）		
		预留线缆长度合适（5 分 / 根）		
		剪掉牵引线（5 分 / 根）		
建筑群子系统布线安装（300 分）	线管安装合理 60 分			
	线槽安装合理 60 分			
	布线和端接正确、合适（60 分 / 根）			
第三部分得分				

表 1-5　综合布线工程技术评分表（第四部分，总分 500 分）

名称	评 分 细 则	评分等级	得分	备 注
竣工资料（300 分）	装订整齐 20 分，否则 0 分	0，20		要求：内容清楚、完整
	封面 30 分，否则 0 分	0，30		要求：有项目名称、施工单位和时间
	目录 20 分，否则 0 分	0，20		要求：有项目名称、施工单位、实施时间、具体工作内容、完成工作量和未完成工作量等
	竣工总结报告 170 分	0，170		
	点数统计表 20 分，否则 0 分	0，20		
	系统图 20 分，否则 0 分	0，20		
	施工图 20 分，否则 0 分	0，20		
施工管理（200 分）	施工安全 40 分，否则 0 分	0，40		
	分工合理 40 分，否则 0 分	0，40		
	配合默契 40 分，否则 0 分	0，40		
	用料合理 40 分，否则 0 分	0，40		
	现场整洁 40 分，否则 0 分	0，40		
第四部分得分				

第 2 章　综合布线工程设计基础

2.1　综合布线设计概述

综合布线技术是一门新兴的工程技术，是计算机技术、通信技术、控制技术与建筑技术紧密结合的产物。为了配合现代化城镇信息通信网向数字化方向发展，规范建筑与建筑群的语音、数据、图像及多媒体业务综合网络建设，国家制定了综合布线规范。

在进行建筑物和建筑群新建、扩建、改建综合布线系统工程的设计时，要遵守综合布线设计规范。

综合布线系统设施及管线的建设，要纳入建筑与建筑群相应的规划设计之中。在工程设计中，要根据工程项目的性质、功能、环境条件和近 / 远期用户需求进行设计，并应考虑施工和维护方便，确保综合布线系统工程的质量和安全，做到技术先进、经济合理。

综合布线系统要与信息设施系统、信息化应用系统、公共安全系统、建筑设备管理系统等统筹规划，相互协调，并按照各系统信息的传输要求优化设计。综合布线系统作为建筑物的公用通信配套设施，在工程设计中要满足多家电信业务经营者的业务需求。综合布线系统的设备要选用经过国家认可的、产品质量检验机构鉴定合格的、符合国家有关技术标准的定型产品。

2.1.1　综合布线常用术语

综合布线常用术语介绍如下：

（1）布线（Cabling）——能够支持电子信息设备相连的各种线缆、跳线、接插软线和连接器件等组成的系统。

（2）建筑群子系统（Campus Subsystem）——由配线设备、建筑物之间的干线电缆或光缆、设备线缆、跳线等组成的系统。

（3）电信间（Telecommunications Room）——放置电信设备、电缆和光缆终端配线设备并进行线缆交接的专用空间。

（4）工作区（Work Area）——需要设置终端设备的独立区域。

（5）信道（Channel）——连接两个应用设备的端到端的传输通道。信道包括设备电缆、设备光缆和工作区电缆、工作区光缆。

（6）CP 链路（CP Link）——楼层配线设备与集合点（CP）之间，包括各端连接器件在内的永久性链路。

（7）链路（Link）——一个 CP 链路或一个永久链路。

（8）永久链路（Permanent Link）——信息点与楼层配线设备之间的传输线路。它不包括工作区线缆和连接楼层配线设备的设备线缆、跳线，但可以包括一个 CP 链路。

（9）集合点（Consolidation Point，CP）——楼层配线设备与工作区信息点之间水平线缆路由中的连接点。

（10）建筑群配线设备（Campus Distributor，CD）——终接建筑群主干线缆的配线设备。

（11）建筑物配线设备（Building Distributor，BD）——为建筑物主干线缆或建筑群主干线缆终接的配线设备。

（12）楼层配线设备（Floor Distributor）——终接水平电缆、水平光缆和其他布线子系统线缆的配线设备。

（13）建筑物入口设施（Building Entrance Facility）——提供符合相关规范的机械与电气特性的连接器件，使得外部网络电缆和光缆引入建筑物内。

（14）连接器件（Connecting Hardware）——用于连接电缆线对和光纤的一个器件或一组器件。

（15）光纤适配器（Optical Fibre Connector）——将两对或一对光纤连接器件进行连接的器件。

（16）建筑群主干电缆、建筑群主干光缆（Campus Backbone Cable）——用于在建筑群内连接建筑群配线架与建筑物配线架的电缆和光缆。

（17）建筑物主干线缆（Building Backbone Cable）——连接建筑物配线设备至楼层配线设备，以及建筑物内楼层配线设备之间相连接的线缆。建筑物主干线缆可分为主干电缆和主干光缆。

（18）水平线缆（Horizontal Cable）——楼层配线设备到信息点之间的连接线缆。

（19）永久水平线缆（Fixed Herizontal Cable）——楼层配线设备到 CP 的连接线缆；如果链路中不存在 CP，则为直接连接到信息点的连接线缆。

（20）CP 线缆（CP Cable）——连接集合点（CP）至工作区信息点的线缆。

（21）信息点（Telecommunications Outlet，TO）——各类电缆或光缆终接的信息插座模块。

（22）设备电缆、设备光缆（Equipment Cable）——通信设备连接到配线设备的电缆、光缆。

（23）跳线（Jumper）——不带连接器件或带连接器件的电缆线对，或者带连接器件的光纤，用于配线设备之间进行连接。

（24）线缆（Cable，包括电缆和光缆）——在一个总的护套里，由一个或多个同类型的线缆线对组成，并可包括一个总的屏蔽物。

（25）光缆（Optical Cable）——由单芯或多芯光纤构成的线缆。

（26）电缆、光缆单元（Cable Unit）——型号和类别相同的电缆线对或光纤的组合。电缆线对可以有屏蔽物。

（27）线对（Pair）——一个平衡传输线路的两个导体，一般指一个对绞线对。

（28）平衡电缆（Balanced Cable）——由一个或多个金属导体线对组成的对称电缆。

（29）屏蔽平衡电缆（Screened Balanced Cable）——带有总屏蔽和 / 或每线对均有屏蔽物的平衡电缆。

（30）非屏蔽平衡电缆（Unscreened Balanced Cable）——不带有任何屏蔽物的平衡电缆。

（31）接插软线（Patch Cable）——一端或两端带有连接器件的软电缆或软光缆。

（32）多用户信息插座（Multi-user Telecommunications Outlet）——在某一地点，若干信息插座模块的组合。

（33）交接（交叉连接）（Cross Connect）——配线设备和通信设备之间采用接插软线或跳线上的连接器件相连的一种连接方式。

（34）互连（Interconnect）——不用接插软线或跳线，使用连接器件把一端的电缆或光缆与另一端的电缆或光缆直接相连的一种连接方式。

2.1.2 综合布线常用符号与缩写词

综合布线常用符号和缩写词中英对照表如表 2-1 所示。

表 2-1 综合布线常用符号和缩写词中英对照表

符号或缩写词	英 文 名 称	中文名称或解释
ACR	Attenuation to Crosstalk Ratio	衰减串扰比
BD	Building Distributor	建筑物配线设备
CD	Campus Distributor	建筑群配线设备
CP	Consolidation Point	集合点
dB	dB（decibel）	分贝
D.C.	Direct Current	直流
EIA	Electronic Industries Association	美国电子工业协会
ELFEXT	Equal Level Far End Crosstalk Attenuation（Loss）	等电平远端串扰衰减
FD	Floor Distributor	楼层配线设备
FEXT	Far End Crosstalk Attenuation（Loss）	远端串扰衰减（损耗）
IEC	International Electrotechnical Commission	国际电工技术委员会
IEEE	Institute of Electrical and Electronics Engineers	美国电气和电子工程师学会
IL	Insertion Loss	插入损耗
IP	Internet Protocol	因特网协议
ISDN	Integrated Services Digital Network	综合业务数字网
ISO	International Organization for Standardization	国际标准化组织
LCL	Longitudinal to Differential Conversion Loss	纵向对差分转换损耗
OF	Optical Fiber	光纤
PS NEXT	Power Sum NEXT Attenuation（Loss）	近端串扰功率和
PS ACR	Power Sum ACR	ACR 功率和
PS ELFEXT	Power Sum ELFEXT Attenuation（Loss）	ELFEXT 衰减功率和
RL	Return Loss	回波损耗
SC	Subscriber Connector（Optical Fiber Connector）	用户连接器（光纤连接器）
SFF	Small Form Factor Connector	小型连接器
TCL	Transverse Conversion Loss	横向转换损耗
TE	Terminal Equipment	终端设备
TIA	Telecommunications Industry Association	美国电信工业协会
UL	Underwriters Laboratories	美国保险商实训所安全标准
Vr.m.s	Root-mean-square Voltage	电压有效值

2.2　综合布线系统设计

2.2.1　综合布线系统设计概述

综合布线系统是开放式网络拓扑结构，能够支持语音、数据、图像、多媒体业务等信息的传递。

综合布线系统工程按以下 7 个部分进行设计：

（1）工作区子系统：一个独立的需要设置终端设备（TE）的区域宜划分为一个工作区。工作区子系统应由配线子系统的信息插座模块（TO）、延伸到终端设备处的连接线缆及适配器组成。

（2）配线子系统：应由工作区的信息插座模块、信息插座模块至楼层（电信间）配线设备（FD）的配线电缆和光缆、电信间的配线设备及设备线缆和跳线等组成。

（3）干线子系统：应由设备间至电信间的干线电缆和光缆、安装在设备间的建筑物配线设备（BD），以及设备线缆和跳线组成。

（4）建筑群子系统：应由连接多个建筑物的主干电缆和光缆、建筑群配线设备（CD），以及设备线缆和跳线组成。

（5）设备间：主要安装建筑物配线设备。电话交换机、计算机主机设备及入口设施也可与配线设备安装在一起。

（6）进线间：进线间是建筑物外部通信和信息管线的入口部位，并可作为入口设施和建筑群配线设备的安装场地。

（7）电信间（管理间）：应对工作区、电信间、设备间、进线间的配线设备、线缆、信息插座模块等设施按一定的模式进行标识和记录。

综合布线系统的构成要符合以下要求：

（1）综合布线系统基本构成要符合图 2-1 所示的要求。

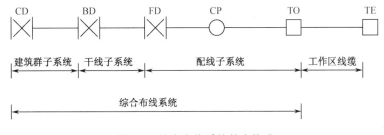

图 2-1　综合布线系统基本构成

☞注意：配线子系统中可以设置集合点（CP），也可以不设置集合点。

（2）综合布线子系统构成要符合图 2-2 的要求。

☞注意：图 2-2 中的虚线表示 BD 与 BD 之间，FD 与 FD 之间可以设置主干线缆；建筑物 FD 可以经过主干线缆直接连至 CD，TO 也可以经过水平线缆直接连至 BD。

（3）综合布线系统入口设施及引入线缆构成要符合图 2-3 的要求。

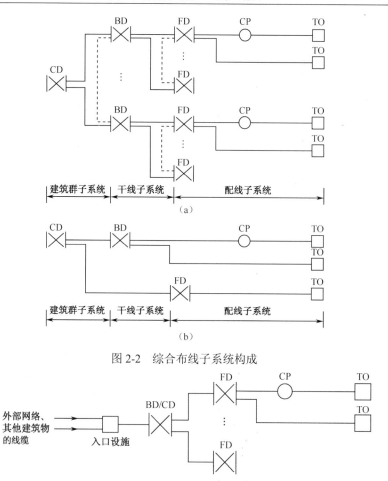

图 2-2　综合布线子系统构成

图 2-3　综合布线系统引入部分构成

☞**注意**：对设置了设备间的建筑物，设备间所在楼层的 FD 可以和设备中的 BD/CD 及入口设施安装在同一场地。

2.2.2　系统分级与组成

铜缆布线系统的分级与类别划分要符合表 2-2 所示的要求。

表 2-2　铜缆布线系统的分级与类别划分

系统分级	支持带宽	支持应用器件	
		电缆	连接硬件
A	100 kHz		
B	1 MHz		
C	16 MHz	3 类	3 类
D	100 MHz	5 / 5e 类	5 / 5e 类
E	250 MHz	6 类	6 类
F	600 MHz	7 类	7 类

注：3 类、5 / 5e 类（超 5 类）、6 类、7 类布线系统支持向下兼容的应用。

光纤信道分为 OF-300、OF-500 和 OF-2000 3 个等级，各等级光纤信道要支持的应用长度不应小于 300 m、500 m 及 2 000 m。

综合布线系统信道由最长 90 m 水平线缆、最长 10 m 的跳线和设备线缆以及最多 4 个连接器件组成，永久链路则由 90 m 水平线缆及 3 个连接器件组成，如图 2-4 所示。

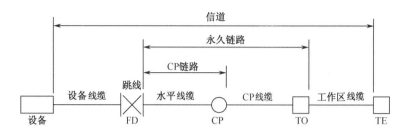

图 2-4　综合布线系统信道、永久链路和 CP 链路构成

光纤信道构成方式要符合以下要求：

（1）水平光缆和主干光缆至楼层电信间的光纤配线设备要经过光跳线连接构成，如图 2-5 所示。

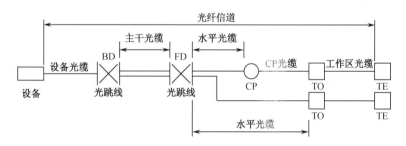

图 2-5　光纤信道构成——光缆经过电信间 FD 光跳线连接

（2）水平光缆和主干光缆在楼层电信间要经过端接（熔接或机械连接）构成，如图 2-6 所示。

☞注意：FD 只设光纤之间的连接点。

（3）水平光缆经过电信间直接连接到设备间配线设备，如图 2-7 所示。

☞注意：FD 安装于电信间，只作为光缆路径的场合。

当工作区用户终端设备或某区域网络设备要直接与公用数据网进行互通时，将光缆从工作区直接布放到电信入口设施的光配线设备。

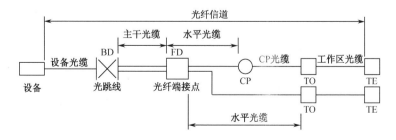

图 2-6　光纤信道构成——光缆在电信间 FD 端接

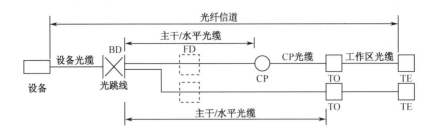

图 2-7　光纤信道构成——光缆经过电信间 FD 直接连接到设备间 BD

2.2.3　线缆长度划分

综合布线系统水平线缆与建筑物主干线缆及建筑群主干线缆之和所构成信道的总长度不应大于 2 000 m。

建筑物或建筑群配线设备之间（FD 与 BD、FD 与 CD、BD 与 BD、BD 与 CD 之间）组成的信道出现 4 个连接器件时，主干线缆的长度不应小于 15 m。

配线子系统各线缆长度应符合图 2-8 的划分，并要符合下列要求：

（1）配线子系统信道的最大长度不应大于 100 m。

（2）工作区设备线缆、电信间配线设备的跳线和设备线缆之和不应大于 10 m；当大于 10 m 时，水平线缆长度（90 m）应当适当减小。

（3）楼层配线设备（FD）跳线、设备线缆及工作区设备线缆各自的长度不大于 5 m。

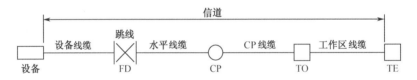

图 2-8　配线子系统线缆划分

2.2.4　系统应用

同一布线信道及链路的线缆和连接器件要保持系统等级与阻抗的一致性。综合布线系统工程的产品类别及链路、信道等级的确定要综合考虑建筑物的功能、应用网络、业务终端类型、业务的需求及发展、性能价格、现场安装条件等因素，要符合表 2-3 所示的要求。

表 2-3　布线系统等级与类别的选用

业务种类	配线子系统		干线子系统		建筑群子系统	
	等级	类别	等级	类别	等级	类别
语音	D / E	5e / 6	C	3（大对数）	C	3（室外大对数）
数据	D / E / F	5e / 6 / 7	D / E / F	5e / 6 / 7（4 对）		
	光纤（多模或单模）	62.5 μm 多模 / 50 μm 多模 / <10 μm 单模	光纤	62.5 μm 多模 / 50 μm 多模 / <10 μm 单模	光纤	62.5 μm 多模 / 50 μm 多模 / <1 μm 单模
其他应用	可采用 5e / 6 类 4 对对绞电缆（双绞线）和 62.5 μm 多模 / 50 μm 多模 / <10 μm 多模、单模光缆					

注：其他应用指数字监控摄像头、楼宇自控现场控制器、门禁系统等采用网络端口传送数字信息时的应用。

综合布线系统光纤信道应采用标称波长为 850 nm 和 1 300 nm 的多模光纤及标称波长为 1 310 nm 和 1 550 nm 的单模光纤。

单模和多模光缆的选用应符合网络的构成方式、业务的互联互通方式及光纤在网络中的应用传输距离。楼内宜采用多模光缆,建筑物之间宜采用多模或单模光缆,需直接与电信业务经营者相连时宜采用单模光缆。

为保证传输质量,配线设备连接的跳线宜选用产业化制造的各类跳线,有电话应用时要选用双芯对绞电缆。

工作区信息点为电端口时,应采用 8 位模块通用插座(RJ-45),光端口宜采用 SFF 小型光纤连接器件及适配器。

FD、BD、CD 配线设备应采用 8 位模块通用插座或卡接式配线模块(多对、25 对及回线型卡接模块)和光纤连接器件及光纤适配器(单工或双工的 ST、SC 或 SFF 光纤连接器件及适配器)。

集合点(CP)安装的连接器件要选用卡接式配线模块或 8 位模块通用插座或各类光纤连接器件和适配器。

2.2.5 屏蔽布线系统

屏蔽布线系统的任务如下:

(1)综合布线区域内存在的电磁干扰场强高于 3 V/m 时,要采用屏蔽布线系统进行防护;

(2)用户对电磁兼容性有较高的要求(防电磁干扰和信息泄漏)时,或有网络安全保密的需要时,宜采用屏蔽布线系统;

(3)采用非屏蔽布线系统无法满足安装现场条件对线缆的间距要求时,宜采用屏蔽布线系统;

屏蔽布线系统采用的电缆、连接器件、跳线、设备电缆都应是屏蔽的,并要保持屏蔽层的连续性。

2.2.6 开放型办公室布线系统

对于办公楼、综合楼等商用建筑物或公共区域大开间的场地,由于其使用对象数量的不确定性和流动性,要按开放办公室综合布线系统的要求进行设计,并符合下列规定:

(1)采用多用户信息插座时,每一个多用户插座包括适当的备用量在内,能支持 12 个工作区所需的 8 位模块通用插座;各段线缆长度可按表 2-4 选用,也可按下列公式计算:

$$C=(102-H) / 1.2$$
$$W = C-5$$

其中,$C=W+D$ 为工作区电缆、电信间跳线和设备电缆的长度之和;D 为电信间跳线和设备电缆的总长度,D 为 5 m;W 为工作区电缆的最大长度,且 $W \leqslant 22$ m;H 为水平电缆的长度。

(2)采用集合点时,集合点配线设备与 FD 之间水平线缆的长度应大于 15 m。集合点配线设备容量以满足 12 个工作区信息点的需求来设置。同一个水平电缆路由不允许超过一个集合点(CP)。从集合点引出的 CP 线缆要终接于工作区的信息插座或多用户信息插座上。

（3）多用户信息插座和集合点的配线设备安装于墙体或柱子等建筑物固定的位置。

表2-4　各段线缆长度限值

电缆总长度 / m	水平电缆长度 H / m	工作区电缆最大长度 W / m	电信间跳线和设备电缆总长度 D / m
100	90	5	5
99	85	9	5
98	80	13	5
97	25	17	5
97	70	22	5

2.2.7　工业级布线系统

对工业级布线系统的总体要求如下：

（1）工业级布线系统要能够支持语音、数据、图像、视频、控制等信息的传输，并能应用于高温、潮湿、电磁干扰、撞击、振动、腐蚀气体、灰尘等恶劣环境中；

（2）工业布线应用于工业环境中具有良好环境条件的办公区、控制室和生产区之间的交界场所、生产区的信息点，工业级连接器件也可以应用于室外环境中；

（3）在工业设备较为集中的区域应设置现场配线设备；

（4）工业级布线系统宜采用星形拓扑结构；

（5）工业级配线设备要根据环境条件确定IP的防护等级。

2.3　综合布线系统配置设计

2.3.1　工作区子系统

工作区是指从终端设备出线到信息插座的整个区域，即将一个独立的需要设置终端的区域划分为一个工作区。工作区子系统可支持电话机、数据终端、计算机、电视机、监视器以及传感器等终端设备。或者将其简单地归结为插座、适配器、桌面跳线等的总称。

工作区适配器的选用要符合下列规定：

（1）设备的连接插座要与连接电缆的插头匹配，不同的插座与插头之间要加装适配器。

（2）在连接使用信号的数／模转换、光／电转换、数据传输速率转换等相应的装置时，采用适配器。

（3）对于网络规程的兼容，采用协议转换适配器。

（4）各种不同的终端设备或适配器均安装在工作区的适当位置，并应考虑现场的电源与接地。每个工作区的服务面积，要按不同的应用功能确定。

2.3.2　配线子系统

根据工程提出的近期和远期终端设备的设置要求、用户性质、网络构成及实际需要确定建筑物各层需要安装信息插座模块的数量及其位置，配线要留有扩展余地。

配线子系统线缆应采用非屏蔽或屏蔽 4 对对绞电缆（双绞线），在需要时也可以采用室内多模或单模光缆。

电信间 FD 与电话交换配线及计算机网络设备之间的连接方式要符合以下要求：

（1）电话交换配线的连接方式应符合图 2-9 所示的要求。

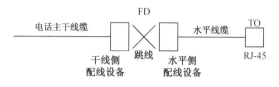

图 2-9 电话交换配线的连接方式

（2）计算机网络设备连接方式。

① 经过跳线连接要符合图 2-10 所示的要求。

图 2-10 经过跳线连接方式

② 经过设备线缆连接方式要符合图 2-11 所示的要求。

图 2-11 经过设备线缆连接方式

（3）每一个工作区信息插座模块（电、光）数量不宜少于 2 个，并满足各种业务的需求。

（4）底盒数量应该以插座盒面板设置的开口数确定，每一个底盒支持安装的信息点数量不宜大于 2 个。

（5）光纤信息插座模块安装的底盒大小要充分考虑到水平光缆（2 芯或 4 芯）终接处的光缆盘留空间和满足光缆对弯曲半径的要求。

（6）工作区的信息插座模块要支持不同的终端设备接入，每一个 8 位模块通用插座应连接 1 根 4 对对绞电缆；对每一个双工或 2 个单工光纤连接器件及适配器连接 1 根 2 芯光缆。

（7）从电信间至每一个工作区水平光缆宜按 2 芯光缆配置。光纤至工作区满足用户群或大客户使用时，光纤芯数至少应有 2 芯备份，按 4 芯水平光缆配置。

（8）连接至电信间的每一根水平电缆／光缆应终接于相应的配线模块，配线模块与线缆容量相适应。

（9）电信间 FD 主干侧各类配线模块应按电话交换机、计算机网络的构成及主干电缆／光缆的所需容量要求及模块类型和规格的选用进行配置。

（10）电信间 FD 采用的设备线缆和各类跳线宜按计算机网络设备的使用端口容量和电话交换机的实装容量、业务的实际需求或信息点总数的比例进行配置，比例范围为 25%～50%。

2.3.3　干线子系统

干线子系统所需要的电缆总对数和光纤总芯数，要满足工程的实际需求，并留有适当的备份容量。主干线缆宜设置电缆与光缆，并互相作为备份路由。

干线子系统主干线缆应选择较短的安全的路由。主干电缆宜采用点对点终接，也可采用分支递减终接。

如果电话交换机和计算机主机设置在建筑物内不同的设备间，宜采用不同的主干线缆来分别满足语音和数据的需要。

在同一层若干电信间之间宜设置干线路由。

主干电缆和光缆所需的容量要求及配置要符合以下规定：

（1）对于语音业务，大对数主干电缆的对数应按每一个电话 8 位模块通用插座配置 1 对线，并在总需求线对的基础上至少预留约 10% 的备用线对。

（2）对于数据业务，应以集线器（Hub）或交换机（SW）群（按 4 个 Hub 或 SW 组成 1 群）或以每个 Hub 或 SW 设备设置 1 个主干端口配置。每 1 群网络设备或每 4 个网络设备宜考虑 1 个备份端口。当主干端口为电端 IC1 时应按 4 对线容量配置，为光端口时则按 2 芯光纤容量配置。

（3）当工作区到电信间的水平光缆延伸至设备间的光配线设备（BD/CD）时，主干光缆的容量应包括所延伸的水平光缆光纤的容量在内。

（4）建筑物与建筑群配线设备处各类设备线缆和跳线的配备：设备线缆和各类跳线应按实装容量、业务的实际需求或信息点总数的比例进行配置，比例范围为 25%～50%。

2.3.4　建筑群子系统

CD 宜安装在进线间或设备间，并可与入口设施或 BD 合用场地。

CD 配线设备内、外侧的容量应与建筑物内连接 BD 配线设备的建筑群主干线缆容量及建筑物外部引入的建筑群主干线缆容量相一致。

2.3.5　设备间和进线间

在设备间内安装的 BD 配线设备干线侧容量应与主干线缆的容量相一致。设备侧的容量应与设备端口容量相一致或与干线侧配线设备容量相同。

当建筑群主干电／光缆、公用网和专用网的电／光缆及天线馈线等室外线缆进入建筑物时，应在进线间转换成室内电／光缆，并在线缆的终端处可由多家电信业务经营者设置入口设施，入口设施中的配线设备应按引入的电／光缆容量配置。

电信业务经营者在进线间设置安装的入口配线设备应与 BD 或 CD 之间敷设相应的连接电／光缆，实现路由互通。线缆类型与容量应与配线设备相一致。

2.3.6　管理

对设备间、电信间、进线间和工作区的配线设备、线缆、信息点等设施应按一定的模式进行标识和记录，并符合规定，具体规定请参阅 1.4.2 节，在此不予重复。

2.4　综合布线系统指标

综合布线系统产品技术指标在工程的安装设计中应考虑机械性能指标（如线缆结构、直径、材料、承受拉力、弯曲半径等）。

（1）相应等级的布线系统信道及永久链路、CP 链路的具体指标项目，包括下列内容：

① 3 类、5 类布线系统应考虑指标项目为衰减、近端串扰（NEXT）；

② 5e 类、6 类、7 类布线系统，应考虑指标项目为插入损耗（IL）、近端串扰、衰减串扰比（ACR）、等电平远端串扰（ELFEXT）、近端串扰功率和（PS NEXT）、衰减串扰比功率和（PS ACR）、等电平远端串扰功率和（PS ELEFXT）、回波损耗（RL）、时延、时延偏差等；

③ 屏蔽的布线系统还要考虑非平衡衰减、传输阻抗、耦合衰减及屏蔽衰减。

（2）信道电缆导体的指标要求要符合以下规定：

① 在信道每个线对中两个导体之间的不平衡直流电阻对各等级布线系统不应超过 3%；

② 在各种温度条件下，布线系统 D、E、F 级信道每个线对导体传送的最小直流电流应为 0.175 A；

③ 在各种温度条件下，布线系统 D、E、F 级信道的任何导体之间应支持 72 V 直流工作电压，每个线对的输入功率应为 10 W。

（3）光纤系统指标。

① 各等级的光纤信道衰减值要符合表 2-5 的规定。

表 2-5　光纤信道衰减值（单位：dB）

信　　道	多　模　光　纤		单　模　光　纤	
	850 nm	1 300 nm	1 310 nm	1 550 nm
OF-300	2.55	1.95	1.80	1.80
OF-500	3.25	2.25	2.00	2.00
OF-2000	8.50	4.50	3.50	3.50

② 光缆标称的波长，每千米的最大衰减值要符合表 2-6 的规定。

表 2-6　光缆最大衰减值

	OM1，OM2 及 OM3 多模光纤		OS1 单模光纤	
波长/ nm	850	1 300	1 310	1 550
最大衰减 /（dB/km）	3.5	1.5	1.0	1.0

③ 多模光纤的最小模式带宽要符合表 2-7 的规定。

表 2-7　多模光纤的最小模式带宽

光纤类型	光纤直径 / μm	最小模式带宽 / （MHz·km）		
		过量发射		有效光发射
		850 nm	1 300 nm	850 nm
OM1	50 或 62.5	200	500	
OM2	50 或 62.5	500	500	
OM3	50	1 500	500	2 000

2.5　综合布线安装工艺要求

2.5.1　综合布线施工的基本要求

（1）在新建、扩建或改建的智能化建筑中采用综合布线系统时，必须按照我国发布的《综合布线系统工程验收规范》等有关规定进行施工和验收。在施工时，应结合现有建筑物的客观条件和实际需要，参照我国现行规范的规定执行。如在施工中遇到规范没有规定的内容，应根据工程设计要求办理。

（2）在整个施工过程中必须重视工程质量，按照施工规范的有关规定，加强自检、互检和随工检查。建设单位常驻工地代表或工程监理人员必须认真负责，加强技术监督和工程质量检查，力求消灭因施工质量低劣而造成的隐患。所有随工验收和竣工验收的项目和内容均应按工程验收规定办理。

（3）由于智能化建筑和智能化小区的综合布线系统既有屋内的建筑物主干布线子系统，又有屋外的建筑群主干布线子系统，因此，屋内部分除按综合布线系统工程施工及验收规范执行外，屋外部分还应符合我国现行的《本地网通信线路工程验收规范》（YD 5051—97）、《通信管道工程施工及验收技术规范》（修订本）（YDJ 39—90）、《通信管道和电缆通道工程施工监理暂行规定》（YD 5072—98）、《市内通信全塑电缆线路工程施工及验收技术规范》（YD 2001—92）和《电信网光纤数字传输系统工程施工及验收暂行技术规定》（YDJ 44—89）等的要求。

（4）在进行综合布线系统工程施工时，力求做到不影响房屋建筑结构强度，不要有损于内部装修的美观，不发生降低其他系统使用功能和有碍于用户通信畅通的事故，综合布线系统工程的整体质量务必达到优良。

2.5.2　工作区

（1）工作区信息插座的安装规定：

① 安装在地面上的接线盒应防水、抗压；

② 安装在墙面或柱子上的信息插座底盒、多用户信息插座盒及集合点配线箱体的底部离地面的高度宜为 300 mm。

（2）工作区的电源应符合的规定：

① 每个工作区至少应配置 1 个 220 V 交流电源插座;

② 工作区的电源插座应选用带接地保护的单相电源插座,接地保护与零线应严格分开。

2.5.3 电信间

(1) 电信间的数量应按所服务的楼层范围及工作区面积来确定。如果该层信息点数量不大于 400 个,水平线缆长度在 90 m 以内,设置一个电信间;当超出这一范围时宜设两个或多个电信间;每层的信息点数量较少,且水平线缆长度不大于 90 m 的情况下,可以几个楼层合设一个电信间。

(2) 电信间要与强电间分开设置,电信间内或其紧邻处应设置线缆竖井。

(3) 电信间的使用面积不应小于 5 m²,也可根据工程中配线设备和网络设备的容量进行调整。

(4) 电信间应采用外开丙级防火门,门宽大于 0.7 m。电信间内温度应为 10～35℃,相对湿度宜为 20%～80%。安装信息网络设备应符合相应的设计要求。

2.5.4 设备间

设备间的位置应根据设备的数量、规模、网络构成等因素,综合考虑确定。每幢建筑物内应至少设置 1 个设备间,如果电话交换机与计算机网络设备分别安装在不同的场地或根据安全需要,也可设置 2 个或 2 个以上设备间,以满足不同业务的设备安装需要。建筑物综合布线系统与外部配线网络连接时,要遵循相应的接口标准要求。

(1) 设备间的设计要符合下列规定:

① 设备间宜处于干线子系统的中间位置,并考虑主干线缆的传输距离与数量;

② 设备间宜尽可能靠近建筑物线缆竖井位置,有利于主干线缆的引入;

③ 设备间的位置要便于设备接地;

④ 设备间应尽量远离高 / 低压变 / 配电、电机、X 射线、无线电发射等有干扰源存在的场地;

⑤ 设备间室温应为 10～35 ℃,相对湿度应为 20%～80%,并应有良好的通风;

⑥ 设备间内应有足够的设备安装空间,其使用面积不应小于 10 m²,该面积不包括程控交换机、计算机网络设备等设施所需的面积;

⑦ 设备间梁下净高不应小于 2.5 m,采用外开双扇门,门宽不应小于 1.5 m。

(2) 设备间应防止有害气体(如氯、碳水化合物、硫化氢、氮氧化物、二氧化碳等)侵入,并应有良好的防尘措施,尘埃含量限值要符合表 2-8 的规定。

表 2-8 尘埃含量限值

尘埃颗粒的最大直径 / μm	0.5	1	3	5
灰尘颗粒的最大浓度 /(粒子数 / m³)	$1.4×10^7$	$7×10^5$	$2.4×10^5$	$1.3×10^5$

注:灰尘粒子应是不导电的,非铁磁性和非腐蚀性的。

(3) 在地震区,设备安装应按规定进行抗震加固。

(4) 设备安装要符合下列规定:

① 机架或机柜前面的净空不应小于 800 mm，后面的净空不应小于 600 mm；

② 壁挂式配线设备底部离地面的高度不宜小于 300 mm。

（5）设备间应提供不少于两个 220 V 带保护接地的单相电源插座，但不作为设备供电电源。

（6）设备间如果安装电信设备或其他信息网络设备，设备供电应符合相应的设计要求。

2.5.5　进线间

进线间应设置管道入口。进线间要满足线缆的敷设路由、成端位置及数量、光缆的盘长空间和线缆的弯曲半径、充气维护设备、配线设备安装所需的场地空间和面积。进线间的大小要按进线间的入口管道最终容量及入口设施的最终容量设计。同时应考虑满足多家电信业务经营者安装入口设施等设备的面积要求。进线间宜靠近外墙和在地下设置，以便于线缆引入。与进线间无关的管道不宜通过。进线间入口管道口所有布放线缆和空闲的管孔应采取防火材料封堵，做好防水处理。进线间在安装配线设备和信息通信设施时，应符合设备安装设计的要求。

进线间设计要符合下列规定：

（1）进线间应防止渗水，宜设有抽 / 排水装置；

（2）进线间应与布线系统垂直竖井沟通；

（3）进线间应采用相应防火级别的防火门，门向外开，宽度不小于 1 000 mm；

（4）进线间应设置防止有害气体的措施和通风装置，排风量按每小时不小于 5 次容积计算。

2.5.6　线缆布放

配线子系统线缆宜采用在吊顶、墙体内穿管或设置金属密封线槽及开放式电缆桥架，吊挂环等方式敷设；当线缆在地面布放时，应根据环境条件选用地板下线槽、网络地板、高架（活动）地板布线等安装方式。干线子系统垂直通道穿过楼板时宜采用电缆竖井方式，也可采用电缆孔、管槽的方式，电缆竖井的位置应上、下对齐。建筑群之间的线缆宜采用地下管道或电缆沟敷设方式，并应符合相关规范的规定。线缆应远离高温和电磁干扰的场地。管线的弯曲半径应符合表 2-9 的要求。

表 2-9　管线敷设弯曲半径

线 缆 类 型	弯 曲 半 径
2 芯或 4 芯水平光缆	>25 mm
其他芯数和主干光缆	不小于光缆外径的 10 倍
4 对非屏蔽电缆	不小于电缆外径的 4 倍
4 对屏蔽电缆	不小于电缆外径的 8 倍
大对数主干电缆	不小于电缆外径的 10 倍
室外光缆、电缆	不小于线缆外径的 10 倍

注：当线缆采用电缆桥架布放时，桥架内侧的弯曲半径不应小于 300 mm。

线缆布放在管与线槽内的管径与截面利用率，应根据不同类型的线缆做不同的选择。管内穿放大对数电缆或 4 芯以上光缆时，直线管路的管径利用率应为 50%～60%，弯管路的管径利用率应为 40%～50%。管内穿放 4 对对绞电缆或 4 芯光缆时，截面利用率应为 25%～30%。布放线缆在线槽内的截面利用率应为 30%～50%。

2.6　综合布线系统配置设计实例

某建筑物的某一层共设置了 200 个信息点，计算机网络与电话各占 50%，即各有 100 个信息点。

（1）电话部分。

① FD 水平侧配线模块按连接 100 根 4 对水平电缆配置。

② 语音主干的总对数按水平电缆总对数的 25% 计算，是 100 对线的需求；如考虑 10% 的备份线对，则语音主干电缆总对数需求量为 110 对。

③ FD 干线侧配线模块可按大对数主干电缆 110 对端子容量配置。

（2）数据部分。

① FD 水平侧配线模块按连接 100 根 4 对的水平电缆配置；

② 数据主干线缆。

（3）最少量配置。以每个 Hub/SW 24 个端口计，100 个数据信息点需设置 5 个 Hub/SW；以每 4 个 Hub/SW 为一群（96 个端 H），组成了 2 个 Hub/SW 群。现以每个 Hub/SW 群设置 1 个主干端口计，并考虑 1 个备份端 VI，则 2 个 Hub/SW 群需要设置 4 个主干端 1：1。如主干线缆采用对绞电缆，每个主干端口需设 4 对线，则线对的总需求量为 16 对；如主干线缆采用光缆，每个主干光端口按 2 芯光纤考虑，则光纤的需求量为 8 芯。

（4）最大量配置。同样以每个 Hub/SW 24 个端口计，100 个数据信息点需设置 5 个 Hub/SW。以每个 Hub/SW（24 个端口）设置 1 个主干端口计，每 4 个 Hub/SW 考虑 1 个备份端口，共需设置 7 个主干端口。如主干线缆采用对绞电缆，每个主干端口需设 4 对线，则线对的总需求量为 28 对；如主干线缆采用光缆，每个主干光端口按 2 芯光纤考虑，则光纤的需求量为 14 芯。

（5）FD 干线侧配线模块可根据主干电缆或主干光缆的总容量加以配置。

配置数量计算出来以后，再根据电缆、光缆、配线模块的类型、规格加以选用，做出合理配置。

上述配置的基本思路，用于计算机网络的主干线缆可采用光缆，用于电话的主干线缆则采用大对数对绞电缆，并考虑适当地备份，以保证网络安全。由于工程的实际情况比较复杂，不可能按照一种模式设计，设计时还应结合工程的特点和需求加以调整应用。

第 3 章　综合布线工程测试和验收

3.1　综合布线系统工程检验项目及其内容

综合布线系统工程检验项目及其具体内容如表 3-1 所示。

表 3-1　综合布线系统工程检验项目及其具体内容

阶　段	验收项目	验收目的	验收内容	验收方式
施工前检查	（1）环境要求	检查工程环境是否满足安装施工条件和要求	（1）土建施工情况：地面、墙面、门、电源插座及接地装置； （2）土建工艺：机房面积、预留孔洞； （3）施工电源； （4）地板铺设； （5）建筑物入口设施检查	施工前检查
	（2）器材检验	对设备器材的规格、数量、质量进行核对检测，以保证工程进度和质量	（1）外观检查； （2）型号、规格、数量； （3）电缆及连接器件电气特性测试； （4）光纤及连接器件特性测试； （5）测试仪表和工具的检验	
	（3）安全、防火要求	保证施工人员安全和设备器材妥善存放	（1）消防器材； （2）危险物的堆放； （3）预留孔洞防火措施	
设备安装	（1）电信间、设备间、设备机柜、机架	设备机柜、机架的安装应符合施工标准规定，以确保工程质量	（1）规格、外观； （2）安装垂直、水平度； （3）油漆不得脱落，标志完整齐全； （4）各种螺钉必须紧固； （5）抗震加固措施； （6）接地措施	随工检验
	（2）配线模块及 8 位模块式通用插座	通信引出端的位置、数量以及安装质量均满足用户使用要求	（1）规格、位置、质量； （2）各种螺钉必须拧紧； （3）标志齐全； （4）有切实有效的防震加固措施，保证设备安全可靠，安装符合工艺要求； （5）屏蔽层可靠连接	
电、光缆布放（楼内）	（1）电缆桥架及线槽布放	保证各种线缆敷设安装	（1）安装位置准确； （2）安装符合工艺要求； （3）符合放线缆工艺要求； （4）接地	
	（2）线缆暗敷（包括暗管、线槽、地板下等方式）	各种线缆敷设安装均符合标准规定	（1）线缆规格、路由、位置； （2）符合放线缆工艺要求； （3）接地	隐蔽工程签证

阶 段	验 收 项 目	验 收 目 的	验 收 内 容	验 收 方 式
电、光缆布放（楼间）	（1）架空线缆	架空线缆的敷设安装符合标准规定	（1）吊线规格、架设位置、装设规格； （2）吊线垂度； （3）线缆规格； （4）卡、挂间隔； （5）线缆的引入符合工艺要求	随工检验
	（2）管道线缆	管道线缆的敷设安装符合标准规定	（1）使用管孔孔位； （2）线缆规格； （3）线缆走向； （4）线缆防护设施的设置质量	隐蔽工程签证
	（3）埋式线缆	直埋电缆、光缆的敷设安装符合标准规定	（1）直埋线缆的规格和质量均符合设计规定； （2）敷设位置、深度和路由均符合设计规定； （3）线缆的保护措施切实有效； （4）回土夯实，无塌陷，不致发生后患，保证工程质量；	
	（4）隧道线缆的安装敷设（包括缆沟、渠道）	隧道缆沟的线缆安装敷设符合标准规定	（1）线缆规格； （2）安装位置，路由； （3）土建设计符合工艺要求	
	（5）其他	符合相关标准规定	（1）通信路线与其他设施的间距； （2）进线室设施安装、施工质量	随工检验或隐蔽工程签证
线缆终接	（1）8 位模块式通用插座	符合相关标准规定	符合工艺要求	随工检验
	（2）光纤连接器件		符合工艺要求	
	（3）各类跳线		符合工艺要求	
	（4）配线模块		符合工艺要求	
系统测试	（1）工程电气性能测试	系统和整体性能符合标准规定	（1）连接图； （2）长度； （3）衰减； （4）近端串扰； （5）近端串扰功率和； （6）衰减串扰比； （7）衰减串扰比功率和； （8）等电平远端串扰； （9）等电平远端串扰功率和； （10）回波损耗； （11）传播时延； （12）传播时延偏差； （13）插入损耗； （14）直流环路电阻； （15）设计中特殊规定的测试内容； （16）屏蔽层的导通	竣工检验

（续表）

阶　　段	验收项目	验 收 目 的	验 收 内 容	验收方式
系统测试	（2）光纤特性测试	光缆布线链路性能符合标准规定	（1）衰减； （2）长度	竣工检验
	（3）系统接地	符合标准规定	（1）衰减、回波损耗等测试结果符合标准规定； （2）符合设计规定	
管理系统	（1）管理系统级别	符合标准规定	符合设计要求	竣工检验
	（2）标识符与标签设置		（1）专用标识符类型及组成； （2）标签设置； （3）标签材质及色标	
	（3）记录和报告		（1）记录信息； （2）报告； （3）工程图纸	
工程总验收	（1）竣工后编制竣工技术文件	满足工程验收要求	（1）清点、核对和交接设计文件及有关竣工技术资料； （2）查阅、分析设计文件和竣工验收技术文件	竣工检验
	（2）竣工技术文件	具体考核和对工程评价	清点、交接技术文件	
	（3）工程验收评价		考核工程质量，确认验收结果	

注：系统测试内容的验收亦可在随工中进行检验。

3.2　综合布线验收规范概述

　　为了统一建筑物与建筑群综合布线系统工程施工质量检查、随工检验和竣工验收等工作的技术要求，国家制定、颁布了综合布线验收规范，即 GB/T 50312—2016《综合布线系统工程验收规范》。这个规范适用于新建、扩建和改建建筑与建筑群综合布线系统工程的验收。

　　综合布线系统工程实施中采用的工程技术文件、承包合同文件对工程质量验收的要求不得低于这个规范规定。

　　在施工过程中，施工单位必须执行规范中有关施工质量检查的规定，建设单位应通过工地代表或工程监理人员加强工地的随工质量检查，及时组织隐蔽工程的检验和验收。

　　综合布线系统工程要符合设计要求，工程验收前应进行自检测试、竣工验收测试工作。

3.3　综合布线环境检查

　　（1）工作区、电信间、设备间的检查包括下列内容：

　　① 工作区、电信间、设备间土建工程已全部竣工时，房屋地面平整、光洁，门的高度和宽度应符合设计要求；

② 房屋预埋线槽、暗管、孔洞，以及竖井的位置、数量、尺寸均应符合设计要求；

③ 铺设活动地板的场所，活动地板防静电措施及接地应符合设计要求；

④ 电信间、设备间应提供 220 V 带保护接地的单相电源插座；

⑤ 电信间、设备间应提供可靠的接地装置，接地电阻值及接地装置的设置应符合设计要求；

⑥ 电信间、设备间的位置、面积、高度、通风、防火及环境温 / 湿度等应符合设计要求。

（2）建筑物进线间及入口设施的检查包括下列内容：

① 引入管道与其他设施如电气、水、煤气、下水道等的位置间距应符合设计要求；

② 引入线缆采用的敷设方法应符合设计要求；

③ 管线入口部位的处理应符合设计要求，并应检查采取排水及防止气、水、虫等进入的措施；

④ 进线间的位置、面积、高度、照明、电源、接地、防火、防水等应符合设计要求。

（3）有关设施的安装方式应符合设计文件规定的抗震要求。

3.4　器材及测试仪表工具检查

（1）器材检验要符合下列要求：

① 工程所用线缆和器材的品牌、型号、规格、数量、质量应在施工前进行检查，应符合设计要求并具备相应的质量文件或证书；无出厂检验证明材料、质量文件的或与设计不符的不得在工程中使用。

② 进口设备和材料应具有产地证明和商检证明。

③ 经检验的器材应做好记录，对不合格的器件应单独存放，以备核查与处理。

④ 工程中使用的线缆、器材应与订货合同或封存的产品在规格、型号、等级上相符。

⑤ 备品、备件及各类文件资料应齐全。

（2）配套型材、管材与铁件的检查应符合下列要求：

① 各种型材的材质、规格、型号应符合设计文件的规定，表面应光滑、平整，不得变形、断裂。预埋金属线槽、过线盒、接线盒及桥架等表面涂覆或镀层应均匀、完整，不得变形、损坏。

② 室内管材采用金属管或塑料管时，其管身应光滑、无伤痕，管孔无变形，孔径、壁厚应符合设计要求。金属管槽应根据工程环境要求做镀锌或其他防腐处理。塑料管槽必须采用阻燃管槽，外壁应具有阻燃标记。

③ 室外管道应按通信管道工程验收的相关规定进行检验。

④ 各种铁件的材质、规格均应符合相应质量标准，不得有歪斜、扭曲、飞刺、断裂或破损。

⑤ 铁件的表面处理和镀层应均匀、完整，表面光洁，无脱落、气泡等缺陷。

（3）线缆的检验要符合下列要求：

① 工程使用的电缆和光缆型号、规格及线缆的防火等级应符合设计要求。

② 线缆所附标志、标签内容应齐全、清晰，外包装应注明型号和规格。

③ 线缆外包装和外护套要完整无损；当外包装损坏严重时，应测试合格后再在工程中使用。

④ 电缆应附有本批量的电气性能检验报告，施工前应进行链路或信道的电气性能及线缆长度的抽检，并做测试记录。

⑤ 光缆开盘后应首先检查光缆端头封装是否良好。光缆外包装或光缆护套如有损伤，应对该盘光缆进行光纤性能指标测试，如有断纤，应进行处理，待检查合格才允许使用。光纤检测完毕，光缆端头应密封固定，恢复外包装。

⑥ 光纤接插软线或光跳线检验应符合下列规定：

● 两端的光纤连接器件端面应装配合适的保护盖帽；

● 光纤类型应符合设计要求，并应有明显的标记。

（4）连接器件的检验应符合下列要求：

① 配线模块、信息插座模块及其他连接器件的部件应完整，电气和机械性能等指标符合相应产品生产的质量标准。塑料材质应具有阻燃性能，并应满足设计要求。

② 信号线路浪涌保护器各项指标应符合有关规定。

③ 光纤连接器件及适配器使用型号和数量、位置应与设计相符。

（5）配线设备的使用要符合下列规定：

① 光／电缆配线设备的型号、规格应符合设计要求。

② 光／电缆配线设备的编排及标志名称应与设计相符。各类标志名称应统一，标志位置正确、清晰。

（6）测试仪表和工具的检验应符合下列要求：

① 应事先对工程中需要使用的仪表和工具进行测试或检查，线缆测试仪表应附有相应检测机构的证明文件。

② 综合布线系统的测试仪表应能测试相应类别工程的各种电气性能及传输特性，其精度符合相应要求。测试仪表的精度应按相应的鉴定规程和校准方法进行定期检查和校准，经过相应计量部门校验取得合格证后，方可在有效期内使用。

③ 施工工具，如电缆或光缆的接续工具：剥线器、光缆切断器、光纤熔接机、光纤磨光机、卡接工具等必须进行检查，合格后方可在工程中使用。

（7）现场尚无检测手段取得屏蔽布线系统所需的相关技术参数时，可将认证检测机构或生产厂家的技术报告作为检查依据。

（8）双绞线电气性能、机械特性、光缆传输性能及连接器件的具体技术指标和要求应符合设计要求。经过测试与检查，性能指标不符合设计要求的设备和材料不得在工程中使用。

3.5　设备安装检验

（1）机柜、机架的安装要符合下列要求：

① 机柜、机架安装位置要符合设计要求，垂直偏差度不应大于 3 mm。

② 机柜、机架上的各种零件不得脱落或碰坏，漆面不应有脱落及划痕，各种标志应完整、清晰。

③ 机柜、机架、配线设备箱体、电缆桥架及线槽等设备的安装应牢固；如有抗震要求，应按抗震设计进行加固。

（2）各类配线部件安装要符合下列要求：

① 各部件应完整，安装就位，标志齐全；

② 安装螺钉必须拧紧，面板应保持在一个平面上。

（3）信息插座模块的安装应符合下列要求：

① 信息插座模块、多用户信息插座、集合点配线模块安装位置和高度应符合设计要求。

② 安装在活动地板内或地面上时，应固定在接线盒内，插座面板采用直立和水平等形式。接线盒盖可开启，并应具有防水、防尘、抗压功能。接线盒盖面应与地面齐平。

③ 信息插座底盒同时安装信息插座模块和电源插座时，间距及采取的防护措施应符合设计要求。

④ 信息插座模块明装底盒的固定方法根据施工现场条件而定。

⑤ 固定螺钉需拧紧，不应产生松动现象。

⑥ 各种插座面板应有标识，以颜色、图形、文字表示所接终端设备业务类型。

⑦ 工作区内终接光缆的光纤连接器件及适配器安装底盒应具有足够的空间，并应符合设计要求。

（4）电缆桥架及线槽的安装要符合下列要求：

① 桥架及线槽的安装位置应符合施工图要求，左右偏差不应超过 50 mm；

② 桥架及线槽水平度每米偏差不应超过 2 mm；

③ 垂直桥架及线槽应与地面保持垂直，垂直度偏差不应超过 3 mm；

④ 线槽截断处及两线槽拼接处应平滑、无毛刺；

⑤ 吊架和支架安装应保持垂直，整齐牢固，无歪斜现象；

⑥ 金属桥架、线槽及金属管各段之间应保持连接良好，安装牢固；

⑦ 采用吊顶支撑柱布放线缆时，支撑点宜避开地面沟槽和线槽位置，支撑应牢固。

（5）安装机柜、机架、配线设备屏蔽层及金属管、线槽、桥架使用的接地体应符合设计要求，就近接地，并应保持良好的电气连接。

3.6　线缆的敷设和保护方式检验

3.6.1　线缆的敷设

（1）线缆敷设要满足下列要求：

① 线缆的型号、规格应与设计规定相符。

② 线缆在各种环境中的敷设方式、布放间距均应符合设计要求。

③ 线缆的布放应自然平直，不得产生扭绞、打圈、接头等现象，不应受外力的挤压和损伤。

④ 线缆两端应贴有标签，标明编号，标签书写应清晰、端正、正确。标签应选用不易损坏的材料。

⑤ 线缆应有余量以适应终接、检测和变更。对绞电缆预留长度：在工作区宜为 3～6 cm，电信间宜为 0.5～2 m，设备间宜为 3～5 m。光缆布放路由宜盘留，预留长度宜为 3～5 m，有特殊要求的应按设计要求预留长度。

⑥ 线缆的弯曲半径应符合下列规定：

- 4 对非屏蔽对绞电缆的弯曲半径应至少为电缆外径的 4 倍；
- 4 对屏蔽对绞电缆的弯曲半径应至少为电缆外径的 8 倍；
- 主干对绞电缆的弯曲半径应至少为电缆外径的 10 倍；
- 2 芯或 4 芯水平光缆的弯曲半径应大于 25 mm，其他芯数的水平光缆、主干光缆和室外光缆的弯曲半径应至少为光缆外径的 10 倍。

（2）线缆间的最小净距应符合设计要求。

① 电源线、综合布线系统线缆应分隔布放，并应符合表 3-2 所示的规定。

表 3-2　对绞电缆与电力电缆的最小净距

条　　件	最小净距 / mm		
	380 V，<2 kV·A	380 V，2～5 kV·A	380 V，>5 kV·A
对绞电缆与电力电缆平行敷设	130	300	600
有一方在接地的金属槽道或钢管中	70	150	300
双方均在接地的金属槽道或钢管中*	10**	80	150

注：* 双方均在接地的线槽中，指两个不同的线槽，也可在同一线槽中用金属板隔开。

　　** 当 380 V 电力电缆低于 2 kV·A，双方都在接地的线槽中，且平行长度不大于 10 m 时，最小间距可为 10 mm。

② 综合布线电缆与其他机房（包括配电箱、变电室、电梯机房、空调机房）之间的最小净距应符合表 3-3 所示的规定。

表 3-3　综合布线电缆与其他机房最小净距

名　　称	最小净距 / m	名　　称	最小净距 / m
配电箱	1	电梯机房	2
变电室	2	空调机房	2

③ 建筑物内线缆及线管（暗管敷设）与其他管线之间的最小净距应符合表 3-4 所示的规定。

表 3-4　建筑物内线缆及管线与其他管线之间的最小净距

管　线　种　类	最小平行净距 / mm	最小垂直交叉净距 / mm
避雷引下线	1 000	300
保护地线	50	20
热力管（不包封）	500	500
热力管（包封）	300	300
给水管	150	20
煤气管	300	20
压缩空气管	150	20

④ 综合布线线缆宜单独敷设，与其他弱电系统各子系统线缆间距应符合设计要求。

⑤ 对于有安全保密要求的工程，综合布线线缆与信号线、电力线、接地线的间距应符合相应的保密规定。对于具有安全保密要求的线缆应采取独立的金属管或金属线槽敷设。

⑥ 屏蔽电缆的屏蔽层端到端应保持完好的导通性。

（3）预埋线槽和暗管敷设线缆应符合下列规定：

① 敷设线槽和暗管的两端宜用标志表示出编号等内容。

② 预埋线槽宜采用金属线槽，预埋或密封线槽的截面利用率应为 30%～50%。

③ 敷设暗管宜采用钢管或阻燃聚氯乙烯硬质管。布放大对数主干电缆及 4 芯以上光缆时，直线管道的管径利用率应为 50%～60%，弯管道的管径利用率应为 40%～50%。暗管布放 4 对对绞电缆或 4 芯及以下光缆时，管道的截面利用率应为 25%～30%。

（4）设置线缆桥架和线槽敷设线缆应符合下列规定：

① 密封线槽内线缆布放应顺直，尽量不交叉，在线缆进出线槽的部位和转弯处应绑扎固定。

② 线缆桥架内线缆垂直敷设时，在线缆的上端和每间隔 1.5 m 处应固定在桥架的支架上。水平敷设时，在线缆的首、尾、转弯及每间隔 5～10 m 处进行固定。

③ 在水平、垂直桥架中敷设线缆时，应对线缆进行绑扎。对绞电缆和光缆及其他信号电缆应根据线缆的类别、数量、缆径、线缆芯数分束绑扎。绑扎间距不宜大于 1.5 m，间距应均匀，不宜绑扎过紧或使线缆受到挤压。

④ 楼内光缆在桥架敞开敷设时应在绑扎固定段加装垫套。

（5）采用吊顶支撑柱作为线槽在顶棚内敷设线缆时，每根支撑柱所辖范围内的线缆可以不设置密封线槽进行布放，但应分束绑扎，线缆应阻燃，线缆选用应符合设计要求。

（6）建筑群子系统采用架空、管道、直埋、墙壁及暗管敷设电缆和光缆的施工技术要求应按照本地网通信线路工程验收的相关规定执行。

3.6.2　保护措施

1. 配线子系统线缆敷设保护要求

（1）预埋金属线槽保护要求。

① 建筑物中预埋线槽，宜按单层设置，每一路由进出同一过路盒的预埋线槽均不应超过 3 根，线槽截面高度不宜超过 25 mm，总宽度不宜超过 300 mm。线槽路由中若包括过线盒和出线盒，截面高度宜在 70～100 mm 范围内。

② 线槽直埋长度超过 30 m 或在线槽路由交叉、转弯时，宜设置过线盒，以便于布放线缆和维修。

③ 过线盒盖能开启，并与地面齐平，盒盖处应具有防尘与防水功能。

④ 过线盒和接线盒的盒盖应能抗压。

⑤ 从金属线槽到信息插座模块接线盒间或金属线槽与金属钢管之间相连接时的线缆宜采用金属软管敷设。

（2）预埋暗管保护要求。

① 预埋在墙体中间暗管的最大管外径不宜超过 50 mm，楼板中暗管的最大管外径不宜超过 25 mm，室外管道进入建筑物的最大管外径不宜超过 100 mm。

② 直线布管每 30 m 处应设置过线盒装置。

③ 暗管的转弯角度应大于 90°，在路径上每根暗管的转弯角不得多于 2 个，并不应有 S 弯出现，有转弯的管段长度超过 20 m 时，应设置管线过线盒装置。有 2 个弯时，不超过 15 m 应设置过线盒。

④ 暗管管口应光滑，并加有护口进行保护，管口伸出部位宜为 25～50 mm。

⑤ 至楼层电信间暗管的管口应排列有序，便于识别与布放线缆。

⑥ 暗管内应安装牵引线或拉线。

⑦ 金属管明敷时，在距接线盒 300 mm 处，弯头处的两端，每隔 3 m 应采用管卡固定。

⑧ 管路转弯的曲率半径不应小于所穿入线缆的最小允许弯曲半径，并且不应小于该管外径的 6 倍；暗管外径大于 50 mm 时，其曲率半径也不应小于其外径的 10 倍。

（3）设置线缆桥架和线槽保护要求。

① 线缆桥架底部应高于地面 2.2 m 及以上，顶部距建筑物楼板不宜小于 300 mm，与梁及其他障碍物交叉处间的距离不宜小于 50 mm。

② 线缆桥架水平敷设时，支撑间距宜为 1.5～3 m。垂直敷设时固定在建筑物结构体上的间距宜小于 2 m，距地 1.8 m 以下部分应加金属盖板保护，或采用金属走线柜包封，门应可开启。

③ 直线段线缆桥架每超过 15～30 m 或跨越建筑物变形缝时，应设置伸缩补偿装置。

④ 金属线槽敷设时，在下列情况下应设置支架或吊架：线槽接头处；每间距 3 m 处；离开线槽两端出口 0.5 m 处；转弯处。

⑤ 塑料线槽槽底固定点间距宜为 1 m。

⑥ 线缆桥架和线缆线槽转弯半径不应小于槽内线缆的最小允许弯曲半径，线槽直角弯处最小弯曲半径不应小于槽内最粗线缆外径的 10 倍。

⑦ 桥架和线槽穿过防火墙体或楼板时，线缆布放完成后应采取防火封堵措施。

（4）网络地板线缆敷设保护要求。

① 线槽之间应沟通；

② 线槽盖板应可开启；

③ 主线槽的宽度宜在 200～400 mm，支线槽宽度不宜小于 70 mm；

④ 可开启的线槽盖板与明装插座底盒间应采用金属软管连接；

⑤ 地板块与线槽盖板应抗压、抗冲击和阻燃；

⑥ 当网络地板具有防静电功能时，地板整体应接地；

⑦ 网络地板板块间的金属线槽段与段之间应保持良好导通并接地。

（5）在架空活动地板下敷设线缆时，地板内净空应为 150～300 mm。若空调采用下送风方式，则地板内净高应为 300～500 mm。

（6）吊顶支撑柱中电力线和综合布线线缆合一布放时，中间应有金属板隔开，间距应符合设计要求。

当综合布线线缆与大楼弱电系统线缆采用同一线槽或桥架敷设时，子系统之间应采用金属板隔开，间距应符合设计要求。

2．干线子系统线缆敷设保护要求

（1）线缆不得布放在电梯或供水、供气、供暖管道竖井中，线缆不应布放在强电竖井中。

（2）电信间、设备间、进线间之间干线通道应沟通。当电缆从建筑物外面进入建筑物时，应选用适配的信号线路浪涌保护器，信号线路浪涌保护器应符合设计要求。

3.7　线缆的端接

（1）线缆端接应符合下列要求：

① 线缆在端接前，必须核对线缆标识内容是否正确；

② 线缆中间不应有接头；

③ 线缆端接处必须牢固、接触良好；

④ 对绞电缆与连接器件连接应认准线号、线位色标，不得颠倒和错接。

（2）对绞电缆端接应符合下列要求：

① 端接时，每个对绞线对应保持扭绞状态，扭绞松开长度对于 3 类电缆不应大于 75 mm。对于 5 类电缆不应大于 13 mm。对于 6 类电缆应尽量保持扭绞状态，减小扭绞松开长度。

② 对绞电缆与 8 位模块式通用插座相连时，必须按色标和线对顺序进行卡接。插座类型、色标和编号应符合图 3-1 所示的规定。两种连接方式均可采用，但在同一布线工程中两种连接方式不应混合使用。

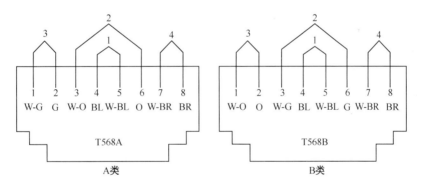

G（Green）—绿；BL（Blue）—蓝；BR（Brown）—棕；W（White）—白；O（Orange）—橙

图 3-1　8 位模块式通用插座连接

③ 7 类布线系统采用非 RJ-45 方式端接时，连接图应符合相关标准规定。

④ 屏蔽对绞电缆的屏蔽层与连接器件端接处屏蔽罩应通过紧固器件可靠接触，线缆屏蔽层应与连接器件屏蔽罩 360° 圆周接触，接触长度不宜小于 10 mm。屏蔽层不应用于受力的场合。

⑤ 对不同的屏蔽对绞电缆或屏蔽电缆，屏蔽层应采用不同的端接方法。应对编织层或金属箔与汇流导线进行有效的端接。

⑥ 每个 2 口 86 面板底盒宜端接 2 条对绞电缆或 1 根 2 芯 / 4 芯光缆，不宜兼做过路盒使用。

（3）光缆端接与接续应采用下列方式：

① 光纤与连接器件连接可采用尾纤熔接、现场研磨和机械连接方式；

② 光纤与光纤接续可采用熔接和光连接子（机械）连接方式。

（4）光缆芯线端接应符合下列要求：

① 采用光纤连接盘对光纤进行连接、保护，在连接盘中光纤的弯曲半径应符合安装工艺的要求；

② 光纤熔接处应加以保护和固定；

③ 光纤连接盘面板应有标志；

④ 光纤连接损耗值，应符合表 3-5 所示的规定。

表 3-5　光纤连接损耗值（单位：dB）

连 接 类 别	多　模		单　模	
	平均值	最大值	平均值	最大值
熔接	0.15	0.3	0.15	0.3
机械连接	—	0.3	—	0.3

（5）各类跳线的端接应符合下列规定：

① 各类跳线线缆和连接器件间接触应良好，接线无误，标志齐全。跳线选用类型应符合系统设计要求。

② 各类跳线长度要符合设计要求。

3.8　工程电气测试

综合布线工程电气测试包括电缆系统电气性能测试及光纤系统性能测试。电缆系统电气性能测试项目应该根据布线信道或链路的设计等级和布线系统的类别要求制定。各项测试结果，作为竣工资料的一部分，应有详细记录。

3.8.1　测试项目及含义

综合布线系统双绞线永久链路或信道测试项目及技术指标的含义如下：

（1）接线图：测试布线链路有无端接错误的一项基本检查，测试的接线图显示出所测每条 8 芯电缆与配线模块接线端子的连接实际状态。

（2）衰减：由于绝缘损耗、阻抗不匹配、连接电阻等因素，信号沿链路传输损失的能量为衰减。传输衰减主要测试传输信号在每个线对两端间传输损耗值及同一条电缆内所有线对中最差线对的衰减量，相对于所允许的最大衰减值的差值。

（3）近端串扰（NEXT）：近端串扰值（dB）和导致该串扰的发送信号（参考值定为0）之差值为近端串扰损耗。在一条链路中处于线缆一侧的某发送线对，对于同侧的其他相邻（接收）线对通过电磁感应所造成的信号耦合（由发射机在近端传送信号，在相邻线对近端测出的不良信号耦合）为近端串扰。

（4）近端串扰功率和（PS NEXT）：在 4 对对绞电缆一侧测量 3 个相邻线对对某线对近端串扰的总和（所有近端干扰信号同时工作时，在接收线对上形成的组合串扰）。

（5）衰减串扰比值（ACR）：在受相邻发送信号线对串扰的线对上，其串扰损耗（NEXT）与本线对传输信号衰减值（A）的差值。

（6）等电平远端串扰（ELFEXT）：某线对上远端串扰损耗与该线路传输信号衰减的差值。

从链路或信道近端线缆的一个线对发送信号，经过线路衰减从链路远端干扰相邻接收线对（由发射机在远端传送信号，在相邻线对近端测出的不良信号耦合）为远端串扰（FEXT）。

（7）等电平远端串扰功率和（PS ELFEXT）：在 4 对对绞电缆一侧测量 3 个相邻线对对某线对远端串扰的总和（所有远端干扰信号同时工作，在接收线对上形成的组合串扰）。

（8）回波损耗（RL）：由链路或信道特性阻抗偏离标准值导致功率反射而引起（布线系统中阻抗不匹配产生的反射能量）。由输出线对的信号幅度和该线对所构成的链路上反射回来的信号幅度的差值导出。

（9）传播时延：信号从链路或信道一端传播到另一端所需的时间。

（10）传播时延偏差：以同一线缆中信号传播时延最小的线对作为参考，其余线对与参考线对时延差值（最快线对与最慢线对信号传输时延的差值）。

（11）插入损耗：发射机与接收机之间插入电缆或元器件产生的信号损耗，通常指衰减。

3.8.2　测试方法及内容

1．测试方法

3 类和 5 类布线系统按照基本链路和信道进行测试，5e 类和 6 类布线系统按照永久链路和信道进行测试，测试分别按图 3-2 和图 3-3 进行连接。

（1）基本链路连接模型要符合图 3-2 所示的方式。其中，

$$G=E=2 \text{ m}, \ F \leqslant 90 \text{ m}$$

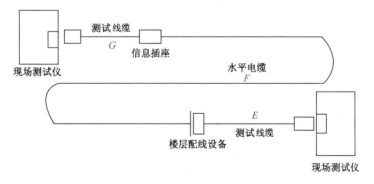

图 3-2　基本链路连接方式

（2）永久链路连接模型：适用于测试固定链路（水平电缆及相关连接器件）性能。链路连接应符合图 3-3 所示的方式。

（3）信道连接模型：在永久链路连接模型的基础上，具有包括工作区和电信间的设备电

缆和跳线在内的整体信道性能。信道连接应符合图 3-4 所示的方式。

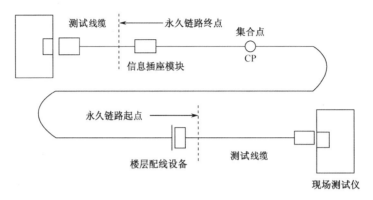

图 3-3　永久链路连接方式

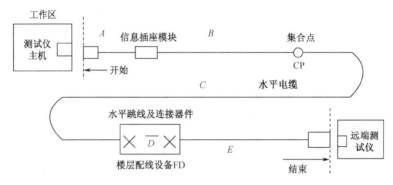

图 3-4　信道连接方式

其中，从信息插座到楼层配线设备（包括集合点）的水平电缆长度用 H 表示，$H \leqslant 90$ m。

信道包括最长 90 m 的水平电缆、信息插座模块、集合点、电信间的配线设备、跳线、设备线缆，总长不得大于 100 m。

$$B+C \leqslant 90 \text{ m}，A+D+E \leqslant 10 \text{ m}$$

其中，A 为工作区终端设备电缆的长度；B 为 CP 线缆的长度；C 为水平电缆的长度；D 为配线设备连接跳线的长度；E 为配线设备到设备连接电缆的长度。

2．测试内容

（1）接线图的测试。主要测试水平电缆终接在工作区或电信间配线设备的 8 位模块式通用插座的安装连接正确或错误。正确的线对组合为：1/2、3/6、4/5、7/8，分为非屏蔽和屏蔽两类，对于非 RJ-45 的连接方式按相关规定要求列出结果。

布线过程中可能出现正确或不正确的连接图测试情况，具体如图 3-5 所示。

（2）布线链路及信道线缆长度应在测试连接图所要求的极限长度范围之内。

3 类和 5 类水平链路及信道性能指标应分别符合表 3-6 和表 3-7 所示的要求（测试条件为环境温度 20℃）。

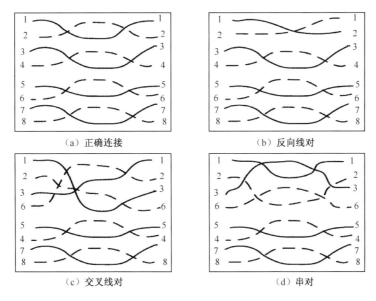

（a）正确连接　　　　　　　　　　　　　　（b）反向线对

（c）交叉线对　　　　　　　　　　　　　　（d）串对

图 3-5　接线图

表 3-6　3 类水平链路及信道性能指标

频率 / MHz	基本链路性能指标		信道性能指标	
	近端串扰 / dB	衰减 / dB	近端串扰 / dB	衰减 / dB
1.00	40.1	3.2	39.1	4.2
4.00	30.7	6.1	29.3	7.3
8.00	25.9	8.8	24.3	10.2
10.00	24.3	10.0	22.7	11.5
16.00	21.0	13.2	19.3	14.9
	长度：94 m		长度：100 m	

表 3-7　5 类水平链路及信道性能指标

频率 / MHz	基本链路性能指标		信道性能指标	
	近端串扰 / dB	衰减 / dB	近端串扰 / dB	衰减 / dB
1.00	60.0	2.1	60.0	2.5
4.00	51.8	4.0	50.6	4.5
8.00	47.1	5.7	45.6	6.3
10.00	45.5	6.3	44.0	7.0
16.00	42.3	8.2	40.6	9.2
20.00	40.7	9.2	39.0	10.3
25.00	39.1	10.3	37.4	11.4
31.25	37.6	11.5	35.7	12.8
62.50	32.7	16.7	30.6	18.5
100.00	29.3	21.6	27.1	24.0
	长度：94 m		长度：100 m	

注：基本链路长度为 94 m，包括 90 m 水平线缆及 4 m 测试仪表的测试电缆长度，在基本链路中不包括集合点。

3.8.3　测试记录

测试记录的内容和形式要符合表 3-8 和表 3-9 所示的要求。

表 3-8　综合布线系统工程电缆（链路／信道）性能指标测试记录

工程项目名称									
序号	编　号			内　　容					备注
				电 缆 系 统					
	地址号	线缆号	设备号	长度	接线图	衰减	近端串扰 … 电缆屏蔽层连通情况　其他任选项目		
测试日期、人员及测试仪表型号和精度									
处理情况									

表 3-9　综合布线系统工程光纤（链路／信道）性能指标测试记录

工程项目名称			光 缆 系 统								备注
序号	编　号		多　　模				单　　模				
			850 nm		1 300 nm		1 310 nm		1 550 nm		
	地址号　线缆号　设备号		衰减（插入损耗）	长度	衰减（插入损耗）	长度	衰减（插入损耗）	长度	衰减（插入损耗）	长度	
测试日期、人员及测试仪表型号和精度											
处理情况											

对绞电缆及光纤布线系统的现场测试仪应符合下列要求：

（1）能测试信道与链路的性能指标；

（2）具有针对不同布线系统等级的相应精度，要考虑测试仪的功能、电源、使用方法等因素；

（3）测试仪精度应定期检测，每次现场测试前仪表厂家应出示测试仪的精度、有效期限等证明。

测试仪表应具有测试结果的保存功能并提供输出端口，将所有存储的测试数据输出至计算机和打印机，测试数据必须不被修改，并进行维护和文档管理。测试仪表应提供所有测试项目、概要和详细的报告。测试仪表应该提供汉化的通用人机界面。

3.9 管理系统验收

（1）综合布线管理系统宜满足下列要求：

① 管理系统级别的选择应符合设计要求；

② 需要管理的每个组成部分均设置标签，并由唯一的标识符进行表示，标识符与标签的设置应符合设计要求；

③ 管理系统的记录文档应详细完整并汉化，包括每个标识符相关信息、记录、报告、图纸等；

④ 不同级别的管理系统可采用通用电子表格、专用管理软件或电子配线设备等进行维护管理。

（2）综合布线管理系统的标识符与标签的设置应符合下列要求：

① 标识符应包括安装场地、线缆终端位置、线缆管道、水平链路、主干线缆、连接器件、接地等类型的专用标识，系统中每一个组件应指定一个唯一的标识符。

② 电信间、设备间、进线间所设置配线设备及信息点处均应设置标签。

③ 每根线缆应指定专用标识符，标在线缆的护套上或在距每一端护套 300 mm 内设置标签，线缆的终接点应设置标签标记指定的专用标识符。

④ 接地体和接地导线应指定专用标识符，标签应设置在靠近导线和接地体的连接处的明显部位。

⑤ 根据设置的部位不同，可使用粘贴型、插入型或其他类型标签。标签表示内容应清晰，材质应符合工程应用环境要求，具有耐磨、抗恶劣环境、附着力强等性能。

⑥ 终接色标应符合线缆的布放要求，线缆两端终接点的色标颜色应一致。

（3）综合布线系统各个组成部分的管理信息记录和报告，应包括如下内容：

① 记录应包括管道、线缆、连接器件及连接位置、接地等内容，各部分记录中应包括相应的标识符、类型、状态、位置等信息；

② 报告应包括管道、安装场地、线缆、接地系统等内容，各部分报告中应包括相应的记录。

综合布线系统工程如采用布线工程管理软件和电子配线设备组成的系统进行管理和维护工作，应按专项系统工程进行验收。

3.10 工 程 验 收

3.10.1 编制工程验收文件

工程完工后，进入验收阶段，首先要编制工程竣工技术文件。为了便于工程验收和今后管理，在工程竣工后和验收前，施工单位应及早编制工程竣工技术文件，并在工程验收前提交建设单位。

1. 工程竣工技术文件的内容

工程竣工技术文件应包括以下内容：

（1）综合布线系统工程的主要安装工程量，如主干布线的线缆规格和长度，装设楼层配线架的规格和数量等。

（2）在安装施工中一些重要部位或关键段落的施工说明，如建筑群配线架和建筑物配线架合用时其连接端子的分区和容量等。

（3）设备、机架和主要部件的数量明细表，即将整个工程中所用的设备、机架和主要部件分别统计，清晰地列出其型号、规格、程式和数量。

（4）在施工棚有少量修改时，可利用原工程设计图更改补充，不需要重绘竣工图纸；但在施工中改动较大时，则应另绘竣工图纸。

（5）工程中各项技术指标和技术要求的测试记录，如线缆的主要电气性能、光缆的光学传输特性等测试数据。

（6）直埋电缆或地下电缆管道等隐蔽工程经工程监理人员认可的签证；设备安装和线缆敷设工序告一段落时，经常驻工地代表或工程监理人员随工检查后的证明等原始记录。

（7）综合布线系统工程中如采用微机辅助设计，应提供程序设计说明和有关数据，如磁盘、操作说明、用户手册等文件资料。

（8）在施工过程中由于各种客观因素部分变更或修改原有设计或采取相关技术措施时，应提供建设、设计和施工等单位之间对于这些变动情况的洽商记录，以及在施工中的检查记录等基础资料。

2. 竣工验收技术文件的主要要求

竣工技术文件和相关资料应做到内容齐全、数据准确无误、文字表达条理清楚、文件外观整洁、图表内容清晰，不应有互相矛盾、彼此脱节和错误遗漏等现象。

竣工技术文件通常为一式三份，在有多个单位需要时，可适当增加份数。

3. 竣工技术文件编制要求

竣工技术文件应按下列要求进行编制：

（1）工程竣工后，施工单位应在工程验收之前，将工程竣工技术资料交给建设单位。

（2）综合布线系统工程的竣工技术资料应包括以下各项：

- 安装工程量；
- 工程说明；
- 设备、器材明细表；
- 竣工图纸；
- 测试记录（宜采用中文表示）；
- 工程变更、检查记录及施工过程中，需更改设计或采取相关措施，建设、设计、施工等单位之间的双方洽商记录；
- 随工验收记录；

- 隐蔽工程签证；
- 工程决算。

（3）竣工技术文件要保证质量，做到外观整洁，内容齐全，数据准确。

3.10.2 综合布线工程质量检查

综合布线系统工程，要按照 GB/T 50312—2016《综合布线系统工程验收规范》中所列项目、内容进行检验。检测结论作为工程竣工资料的组成部分及工程验收的依据之一。

（1）系统工程安装质量检查，各项指标符合设计要求，则被检项目检查结果为合格。被检项目的合格率为 100%，则工程安装质量判为合格。

（2）系统性能检测中，对绞电缆布线链路、光纤信道应全部检测，竣工验收需要抽验时，抽样比例不低于 10%，抽样点应包括最远布线点。

（3）系统性能检测单项合格判定。

- 如果一个被测项目的技术参数测试结果不合格，则该项目判为不合格；如果某一被测项目的检测结果与相应规定的差值在仪表准确度范围内，则该被测项目应判为合格。
- 按规范的指标要求，采用 4 对对绞电缆作为水平电缆或主干电缆，所组成的链路或信道有一项指标测试结果不合格，则该水平链路、信道或主干链路判为不合格。
- 主干布线大对数电缆中按 4 个对绞线对测试，指标有一项不合格，则判为不合格。
- 未通过检测的链路、信道的电缆线对或光纤信道可在修复后复检。

（4）竣工检测综合合格判定。

- 在对双绞电缆布线进行全部检测时，无法修复的链路、信道或不合格线对数量有一项超过被测总数的 1%，则判为不合格。在光缆布线检测时，如果系统中有一条光纤信道无法修复，则判为不合格。
- 在双绞电缆布线抽样检测时，被抽样检测点（线对）不合格比例不大于被测总数的 1%，则视为抽样检测通过，但不合格点（线对）应予以修复并复检。被抽样检测点（线对）不合格比例如果大于 1%，则视为一次抽样检测未通过，应进行加倍抽样；加倍抽样不合格比例不大于 1%，则视为抽样检测通过。若不合格比例仍大于 1%，则视为抽样检测不通过，应进行全部检测，并按全部检测要求进行判定。
- 全部检测或抽样检测的结论为合格，则竣工检测的最后结论为合格；全部检测的结论为不合格，则竣工检测的最后结论为不合格。

（5）综合布线管理系统检测，标签和标识按 10%抽检，系统软件功能全部检测。检测结果符合设计要求，则判为合格。

第 4 章　综合布线的基本操作

4.1　配线端接的基本操作

配线端接技术直接影响网络系统的传输速度、稳定性和可靠性，也直接决定综合布线系统永久链路和信道链路的测试结果。

一般每个信息点的网络线从设备跳线→墙面模块→楼层机柜通信配线架→网络配线架→交换机连接跳线→交换机级联线等平均需要端接 10～12 次，每次端接 8 个芯线，因而在工程技术施工中，每个信息点大约平均需要端接 80 芯或者 96 芯。因此，熟练掌握配线端接技术非常重要。

例如，如果进行 1000 个信息点的小型综合布线系统工程施工，按照每个信息点平均端接 12 次计算，该工程总共需要端接 12000 次，端接线芯 96000 次，如果操作人员端接线芯的线序和接触不良错误率按照 1% 计算，将会有 960 根线芯出现端接错误，假如这些错误平均出现在不同的信息点或者永久链路上，其结果是这个项目可能有 960 个信息点出现链路不通。那么，这 1000 个信息点的综合布线工程竣工后，仅仅链路不通这一项错误就将高达 96%，同时各个永久链路的线序或者接触不良错误很难及时发现和维修，往往需要花费几倍的时间和成本才能解决，造成很大的经济损失，严重时直接导致该综合布线系统无法验收和正常使用。

按照 GB 50311—2016《综合布线系统工程设计规范》和 GB/T 50312—2016《综合布线系统工程验收规范》两个国家标准的规定，对于永久链路需要进行 11 项技术指标测试后，才能完成综合布线工程并交付用户使用。

4.1.1　配线端接原理

综合布线系统中配线端接的基本原理：将线芯用机械力压入两个金属刀片中，在压入过程中刀片将绝缘层划破与铜线芯紧密接触，同时金属刀片的弹性将铜线芯长期夹紧，从而实现长期稳定的电气连接。

4.1.2　双绞线剥线基本操作

双绞线剥线的正确方法和程序如下：

（1）剥开外绝缘护套。首先剪裁掉端头破损的双绞线，使用专门的剥线工具将需要端接的双绞线电缆端头剥开外绝缘护套。端头剥开长度尽可能短一些，能够方便地进行端接就可以了。在剥开外绝缘护套过程中要特别注意，不能损伤 8 根线芯的绝缘层，更不能损伤任何一根铜线芯。

（2）拆开 4 对双绞线。将端头已经剥去外绝缘护套的双绞线按照对应颜色拆开成 4 对单绞线。在拆成 4 对单绞线时，必须按照绞绕顺序慢慢拆开，同时保护 2 根单绞线不被拆开并保持比较大的曲率半径。不能强行拆散或者硬折线对，以免形成较小的曲率半径。

（3）拆开单绞线。将 4 对单绞线分别拆开。注意 RJ-45 水晶头制作和模块压接线时线对拆开方式和长度不同。在制作 RJ-45 水晶头时应注意，双绞线的接头处拆开的长度不应超过 20 mm，压接好水晶头后拆开线芯的长度必须小于 14 mm，过长会引起较大的近端串扰。模块压接时，双绞线压接处拆开的长度应尽量短，能够满足压接要求就可以了，不能为了压接方便而拆开很长的线芯，因为过长会引起较大的近端串扰。

4.1.3　RJ-45 水晶头的端接原理和方法

1．RJ-45 头的端接原理

利用压线钳的机械压力使 RJ-45 头中的刀片首先压破线芯绝缘层，然后压入铜线芯中，实现刀片与线芯的电气连接。每个 RJ-45 头中有 8 个刀片，每个刀片与 1 根线芯连接。注意观察可发现，压接后 8 个刀片比压接前低。

2．RJ-45 水晶头端接方法和步骤

（1）剥开外绝缘护套。
（2）剥开 4 对双绞线。
（3）剥开单绞线。
（4）8 根线芯排好线序。
（5）剪齐线端。先将已经剥去外绝缘护套的 4 对单绞线分别拆开相同的长度，将每根线轻轻捋直，同时按照 568 B 线序（白橙，橙，白绿，蓝，白蓝，绿，白棕，棕）水平排好。将 8 根线的端头齐头剪掉，留 14 mm 长，从线头开始，至少 10 mm 导线之间不应有交叉。
（6）将双绞线插入 RJ-45 水晶头内，注意一定要插到底。
（7）压接。
（8）测试。

3．RJ-45 水晶头端接标准

1）568A 和 568B

EIA/TIA 的布线标准中规定了两种双绞线的线序，即 568A 和 568B。

标准 568A 的线序为：白绿，绿，白橙，蓝，白蓝，橙，白棕，棕。

标准 568B 的线序为：白橙，橙，白绿，蓝，白蓝，绿，白棕，棕。

为了保持最佳的兼容性，普遍采用 EIA/TIA 568B 标准来制作网线。在整个网络布线中应用一种布线方式，但两端都有 RJ-45 插口的网络连线无论采用 568A 标准还是 568B 标准，在网络中都是可行的。双绞线的顺序与 RJ-45 头的引脚序号一一对应。10 Mbps 以太网（万兆以太网）的网线使用 1、2、3、6 编号的芯线传递数据，而 100 Mbps 网卡需要使用 4 对线。由于 10 Mbps 网卡能够使用按 100 Mbps 方式制作的网线，而且双绞线又提供有 4 对线，因而

即使使用10 Mbps网卡，一般也按100 Mbps方式制作网线。

2）直通线

直通线用于不同设备之间的互连。

直通线规则：568B-568B 或 568A-568A

直通线用于：

- 集线器（交换机）的级联；
- 服务器←→集线器（交换机）的连接；
- 集线器（交换机）←→计算机的连接。

直通线的接法如图4-1所示。

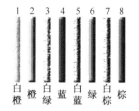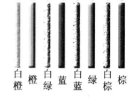

一端：从左到右　　　　另一端：从左到右

图4-1　直通线接法

通常认为568B标准对电磁干扰的屏蔽性能更好，所以在实际应用中大都使用T568B标准。

3）交叉线

交叉线用于同种设备之间的互连（PC—PC，交换机—交换机）。

交叉线规则：568A-568B。如果是两台机器互连，则一头做568A，另一头做568B，也就是常说的1和3，2和6互换。

交叉线用于：

- 计算机←→计算机的连接；
- 集线器←→集线器的连接；
- 交换机←→交换机的连接。

交叉线的接法如图4-2所示。

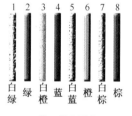

一端：从左到右　　　　另一端：从左到右

图4-2　交叉线接法

4.1.4　网络模块端接原理和方法

1.网络模块端接原理

利用压线钳的压力将8根线逐一压接到网络模块（如RJ-45信息模块）的8个接线口，同时裁剪掉多余的线头。在压接过程中刀片首先快速划破线芯绝缘层，与铜线芯紧密接触实现刀片与线芯的电气连接，这8个刀片通过电路板与RJ-45口的8个弹簧连接。

RJ-45信息模块前面插孔内有8芯线针触点分别对应着双绞线的8根线；后部两边分列各个打线柱，外壳为聚碳酸酯材料，打线柱内嵌有连接各线针的金属夹子；在模块两侧面标有通用线序色标，分两排。A排表示T586A线序模式，B排表示T586B线序模式，如图4-3所示。

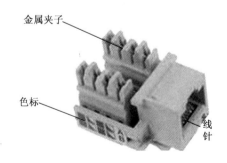

图4-3　RJ-45信息模块

2．网络模块端接方法和步骤

1）打线型 RJ-45 信息模块的安装

（1）将双绞线从暗盒里抽出，预留 40 cm 的线头，剪去多余的线。用剥线工具或压线钳的刀具在离线头约 10 cm 处将双绞线的外绝缘护套剥去。

（2）把剥开的双绞线线芯按线对分开，但先不要拆开各线对，只有在将相应线对预先压入打线柱时才拆开。按照信息模块上所指示的色标选择合适的线序模式（注意：在一个布线系统中最好统一采用一种线序模式，否则接乱了，网络不通则很难查），将剥皮处与模块后端面平行，两手稍微旋开绞线对，并稍稍用力将导线压入相应的线槽内，如图 4-4 所示。

（3）全部线对都压入各槽位后，就用 110 打线工具（如图 4-5 所示）将一根根线芯压入线槽中。

图 4-4　A 标打线法

110 打线工具的使用方法如下：切割余线的刀口永远是朝向模块的外侧，打线工具与模块垂直插入槽位，垂直用力冲击，听到"咔嗒"一声，说明工具的凹槽已经将线芯压到位，已经嵌入金属夹子里，并且金属夹子已经切入绝缘皮咬合铜线芯形成通路，如图 4-6 所示。这里一定要注意以下两点：刀口向外——若忘记而变成向内，则压入的同时也切断了本来应该连接的铜线；垂直插入——打斜了的话，将使金属夹子的口撑开，再也没有咬合的能力，并且打线柱也会歪掉，难以修复，这个模块就报废了。

图 4-5　110 打线工具　　　　　　　　　图 4-6　压线和剪线

（4）将信息模块的塑料防尘片扣在打线柱上，并将打好线的模块扣在信息面板上，如图 4-7 所示。

2）免打线型 RJ-45 信息模块的安装

免打线型 RJ-45 信息模块的设计无须打线工具就能快速、准确地完成端接，没有打线柱，而是在模块的里面有两排各 4 个的金属夹子，而锁扣机构集成在扣锁帽里，色标也标注在扣锁帽后端。端接时，用剪刀裁出约 4 cm 的线，按色标将线芯放进相应的槽位，扣上，再用钳子压一下扣锁帽即可（有些可以用手压下，并锁定）。扣锁帽确保铜线全部端接好并防止滑动，扣锁帽多为透明的，以方便观察线与金属夹子的咬合情况，如图 4-8 所示。

图 4-7　盖好防尘盖

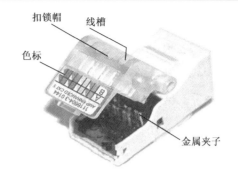

图 4-8　免打线型 RJ-45 信息模块

4.1.5　网络机柜内部配线端接

为了使安装在机柜内的模块化配线架和网络交换机美观大方且方便管理，必须对机柜内设备的安装进行规划，具体遵循以下原则：

（1）一般配线架安装在机柜下部，交换机安装在其上方；

（2）每个配线架之间安装一个理线架，每个交换机之间也要安装理线架；

（3）正面的跳线从配线架中出来全部要放入理线架内，然后从机柜侧面绕到上部的交换机间的理线器中，再接插进入交换机端口。

一般网络机柜的安装尺寸执行要符合 YD/T 1819—2008《通信设备用综合集装架标准》。机柜内配线安装后的效果如图 4-9 所示。

图 4-9　机柜内配线安装后的效果

4.2　网络布线基本操作

4.2.1　实训设备螺孔使用方法

综合布线实训装置上预设有间距 100 mm×100 mm 或 80 mm×80 mm 的各种网络设备、插座、线槽、机柜等 M6 螺孔，必须使用厂家配套的 M6×16 螺钉，要求硬度不高于 140 HV，强度不大于 4.8 kg/mm，不能使用高强度螺钉。

特别说明：禁止用钻头对螺孔进行钻孔，否则将直接损坏螺孔。如果螺孔使用困难，可以用丝锥进行攻丝修理。

4.2.2　线管的安装

在安装线管时必须使用生产厂家配套的专用管卡（需单独购买 Φ 20 和 Φ 40 管卡），如图 4-10 所示。线管的安装步骤如下：

（1）按照设计的布管位置，用 M6 螺钉把管卡固定好。螺钉头部应沉入管卡内，如图 4-11

所示。

图 4-10　专用管卡

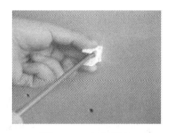
图 4-11　安装管卡

（2）将线管（PVC 管）安装到管卡中，如图 4-12 所示。

线管安装必须做到垂直或者水平，如果设计为倾斜安装时，必须符合设计要求。

实际工程施工时一般每隔 1 m 安装 1 个管卡。为了达到熟练的目的，在实训过程中建议每 100 mm 安装 1 个管卡，然后固定 PVC 管，安装原理如图 4-13 所示。

图 4-12　安装好的 PVC 管

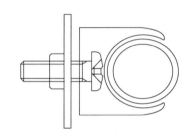
图 4-13　管卡安装图

特别说明：如果用户自购管卡时，则必须进行二次铣孔，以保证 M6 螺钉能够穿过，并且将螺钉头沉入管卡内，这样才能不影响线管的安装。

4.2.3　线槽的安装

首先进行线槽安装位置和路由的设计，准备好线槽、盖板、弯头等材料和工具；然后进行线槽的安装，其步骤如下：

（1）用电动起子（又称电动螺丝刀）夹紧 Φ 8 mm 或 Φ 6 mm 钻头，在线槽中间位置钻 Φ 8 mm 或 Φ 6 mm 的孔，孔的位置必须与实训装置孔对应，每段线槽至少开两个安装孔，如图 4-14 所示。

（2）用 M6 螺钉把线槽固定好，每段线槽至少安装 2 个螺钉，如图 4-15 所示。

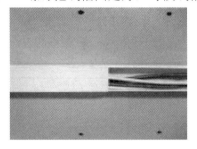
图 4-14　钻孔

图 4-15　安装线槽

（3）在线槽内布线，如图 4-16 所示。

（4）完成布线后盖好线槽盖板，如图 4-17 所示。

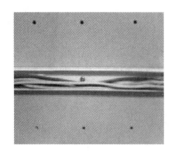

图 4-16　布线

图 4-17　盖好线槽盖板

线槽安装原理图如图 4-18 所示。线槽安装必须做到垂直或者水平，中间接缝没有明显间隙。实际工程施工时，线槽固定间距一般为 1 m。为了达到熟练的目的，在实训过程中建议每隔 100 mm 用螺钉固定 1 次线槽。

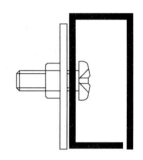

特别说明：

● 线槽开孔时必须在操作台上进行，禁止在实训装置上开孔。

● 电动起子属于旋转工具，操作不当会有危险，因此必须小心操作和使用，建议在教师指导下使用，学生实训使用低转速设备，一般转速为 600 r/min（转／分）。

图 4-18　线槽安装原理图

4.2.4　桥架的安装

首先确认桥架的安装方式，然后进行桥架位置和路由的设计，准备好桥架、三通、连接件、支架等材料和工具。桥架连接件如图 4-19 所示。

图 4-19　桥架连接件

桥架的安装可以分为支架安装和直接在墙面上安装两种方式，如图 4-20 所示。直接在墙面上安装桥架的操作方法与线槽安装方式相同。

使用支架安装桥架的步骤如下：

（1）确定桥架安装位置；

（2）安装支架；

（3）固定桥架；

（4）在桥架内布线；

（5）完成布线后盖好桥架盖板。

（a）L 形支架安装　　　　　（b）吊杆支架安装　　　　　（c）直接固定

图 4-20　桥架的安装

根据 GB/T 50312—2016《综合布线系统工程验收规范》的规定，桥架水平安装时，支架间距以 1.5～3 m 为宜。但为了达到熟练的目的，在实训过程中建议每隔 200 mm 安装 1 个支架。

4.2.5　壁挂式机柜的安装

在实际工程中，壁挂式机柜一般安装在墙面上，高度在 1.8 m 以上。在进行综合布线实训时，可以根据实训设计的需要和操作的方便，自己设计安装高度和位置。安装图如图 4-21 所示。安装步骤如下：

（1）设计壁挂式机柜安装位置，准备安装材料和工具；

（2）按照设计位置，使用螺钉固定壁挂式机柜；

（3）安装完毕后，做好设备编号。

图 4-21　安装壁挂式机柜

4.2.6　立式机柜的安装

安装 42U 机柜一般在管理间、设备间或机房，在安装布置时必须考虑远离配电箱，四周保证有 1 m 的通道和检修空间。

安装 42U 机柜的步骤如下：

（1）设计机柜安装位置；

（2）准备安装使用的螺钉等材料、工具；

（3）将机柜就位，然后将机柜底部的定位螺栓向下旋转，将 4 个旋转轮悬空，保证机柜不能移动或者转动，如图 4-22 所示。

安装 42U 机柜门的步骤如下：

（1）将门的底部轴销与机柜下围框的轴销孔对准，将门的底部装上；

（2）用手拉开门顶部的轴销，将轴销的通孔与机柜上门楣的轴销孔对齐；

（3）松开手，在弹簧作用下轴销往上复位，使门的上部轴销插入机柜上门楣的对应孔位，从而将门安装在机柜上；

（4）按照上面的步骤，完成其他机柜门的安装。

图 4-22　安装 42U 机柜

4.2.7　线管弯管成形

综合布线施工中如果不能满足线缆最低弯曲半径要求，双绞线电缆的缠绕节距就会发生变化；严重时，电缆可能会损坏，直接影响电缆的传输性能。例如，在铜缆系统中，布线弯曲半径直接影响回波损耗值，严重时会超过标准规定值。在光纤系统中，则可能会导致高衰减。因此在设计布线路径时，尽量避免和减少弯曲，增加电缆的拐弯曲率半径。

直径在 25 mm 以下的 PVC 管工业品弯头、三通，一般不能满足铜缆布线曲率半径的要求。因此，一般使用专用弹簧弯管器对 PVC 管成形。

弯管器的使用步骤：

（1）将与 PVC 管规格相配套的弯管弹簧插入管内，如图 4-23 所示；

（2）将弯管弹簧插入到需要弯曲的部位，如果管路长度大于弯管弹簧的长度，可用铁丝拴牢弹簧的一端，拉到合适的位置，如图 4-24 所示；

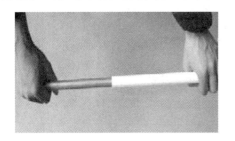

图 4-23　将弯管弹簧插入管内

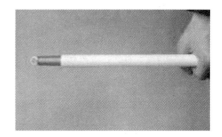

图 4-24　拉到合适位置

（3）用两手抓住弯管弹簧的两端位置，用力掰管子使其弯到所需位置，或用膝盖顶住要弯曲的部位，逐渐"煨"出所需的弯度，如图 4-25 所示；

（4）取出弯管器。

☞注意：不能用力过快过猛，以免 PVC 管发生撕裂损坏。

对于直径在 32 mm 以上的线管，使用弯管弹簧会有一定的困难，这时可以使用热煨法。首先把细砂灌

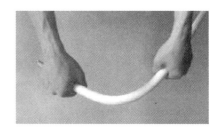

图 4-25　弯到所需位置

入管内并震实，堵好两端管口，用电炉或热风机对需要弯曲的部位进行均匀加热；当加热到可以弯曲时，将管子的一端固定在平整的木板上，逐步煨出所需的弯度。然后，用湿布抹擦弯曲部位，使其冷却定型。

使用弯管器制作出来的线管拐弯如图 4-26 所示。

在综合布线实训时，对于 ϕ40 PVC 管可以使用成品弯头进行拐弯，如图 4-27 所示。

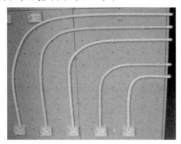 

图 4-26　用弯管器制作的线管拐弯　　　　图 4-27　成品弯头拐弯

4.2.8　线槽拐弯

在安装线槽布线施工中遇到拐弯情况时，一般有两种方法：第一种是使用现有的弯头、三通、阴角、阳角等材料，另一种就是根据现场情况自制接头。

图 4-28 示出了使用成品弯头进行线槽拐弯处理。

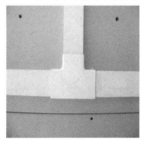  

（a）三通连接　　　　　（b）阴角连接　　　　　（c）阳角连接

图 4-28　用成品弯头进行线槽拐弯处理

图 4-29 示出了采用自制接头方式进行线槽拐弯的处理。

 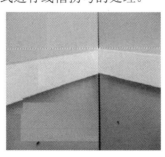 

（a）三通连接　　　　　（b）阴角连接　　　　　（c）阳角连接

图 4-29　自制接头进行线槽拐弯处理

4.2.9 支架固定

在综合布线工程中，经常需要用到支架来固定桥架或连接钢缆等情况。安装支架时首先要确定安装支架的用途，然后进行安装。具体安装步骤如下：

（1）确定安装支架的用途和位置。

（2）准备支架、螺钉等材料和工具。

（3）确认支架安装方式。

（4）用 M6×16 螺栓把支架固定在实训装置的立面上。首先要注意支架上下垂直，承载面要平衡；其次布局要合理，支架不要过多或过少。图 4-30 所示为常见的支架固定方式。

   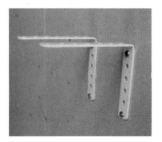

图 4-30 常见的支架固定方式

第 5 章　网络配线技术

5.1　网络配线基本操作

在使用配线实训装置产品前，首先将网络跳线测试仪和网络压接线实训仪的电源线插在设备电源插座上，然后接通电源。在网络跳线测试前，先打开网络跳线测试仪的电源开关，再进行测试实训。在压接线实训前，先打开网络压接线实训仪的电源开关。

5.1.1　网络跳线测试仪的使用

仪器面板安装有 64 个指示灯和 8 个 RJ-45 网络插口。每 2 个 RJ-45 网络插口对应 8 组 16 个指示灯，能够同时测试 4 根网络跳线的全部线序情况，指示灯直观、持续地显示网络跳线连接状况和线序。

将已经制作好跳线两端的 RJ-45 头分别插入测试仪上下对应的插口中，观察测试仪指示灯的闪烁顺序。具体显示结果如下：

当直线配线时，每芯线对应的上下 2 个指示灯按照 12345678 的顺序同时反复闪烁；

当交叉配线时，每芯线对应的上下 2 个指示灯按照实际交叉的顺序反复闪烁；

当错误配线时，每芯线对应的上下 2 个指示灯按照实际配线的顺序反复闪烁；

当 1 根或多根线芯断线或未压紧时，对应端口的指示灯不亮。

5.1.2　RJ-45 水晶头的端接原理

利用压线钳的机械压力使 RJ-45 水晶头中的刀片首先压破线芯绝缘层，然后再压入铜线芯中，实现刀片与铜线芯的长期电气连接。每个 RJ-45 水晶头中有 8 个刀片，每个刀片与一根线芯连接。

注意观察可发现，压接后 8 个刀片比压接前低。图 5-1 为 RJ-45 水晶头刀片压线（端接）前的位置图，图 5-2 为 RJ-45 水晶头刀片压线（端接）后的位置图。

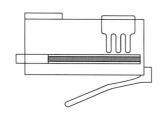
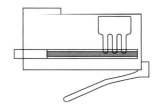

图 5-1　RJ-45 水晶头刀片端接前的位置图　　　图 5-2　RJ-45 水晶头刀片端接后的位置图

5.1.3 RJ-45 水晶头端接和跳线制作步骤

（1）剥开双绞线电缆外绝缘护套。

剪裁掉端头破损的双绞线，使用专门的剥线器或者压线钳沿双绞线电缆外皮旋转一圈，剥去约 30 mm 的外绝缘护套，如图 5-3 和图 5-4 所示。

图 5-3　剥开外绝缘护套　　　　　图 5-4　抽去剥开的外绝缘护套

☞**注意**：不能损伤 8 根线芯的绝缘层，更不能损伤任何一根铜线芯。

（2）拆开 4 对双绞线。

将端头已经抽去外绝缘护套的双绞线按照对应颜色拆开成为 4 对单绞线。在拆成 4 对单绞线时，必须按照绞绕顺序慢慢拆开，同时保护 2 根单绞线不被拆开并保持比较大的曲率半径，图 5-5 所示为正确的操作结果。不允许硬拆线对或者强行拆散，以免形成比较小的曲率半径，图 5-6 示出了已经将一对双绞线硬折成很小的曲率半径。

图 5-5　拆开 4 对双绞线的正确结果　　　图 5-6　一对双绞线被硬折成很小的曲率半径

（3）拆开单绞线。

将 4 对单绞线分别拆开。注意，在进行 RJ-45 水晶头制作和模块压接线时拆开线对的方式和长度不同。

RJ-45 水晶头制作时应注意：双绞线的接头处拆开的长度不应超过 20 mm，压接好水晶头后拆开线芯的长度必须小于 14 mm，过长会引起较大的近端串扰。

模块压接时，双绞线压接处拆开的长度应该尽量短，能够满足压接就可以了，不能为了压接方便拆开线芯很长，过长会引起较大的近端串扰。

（4）拆开单绞线和 8 根线芯排好线序。

把 4 对单绞线分别拆开，同时将每根线轻轻捋直，按照 568B 线序水平排好，在排线过程中注意从线端开始，至少 10 mm 导线之间不应有交叉或者重叠，如图 5-7 所示。568B 线序为：白橙，橙，白绿，蓝，白蓝，绿，白棕，棕。

（5）剪齐线端。

把整理好线序的 8 根线芯端头一次剪掉，留 14 mm 长，如图 5-8 所示。

图 5-7　8 芯线排好线序　　　　　　　　　图 5-8　剪齐线端

（6）插入 RJ-45 水晶头和压接。

把水晶头刀片一面朝自己，将白橙线对准第一个刀片插入 8 根线芯，每根线芯必须分别对准一个刀片，插入 RJ-45 水晶头内，保持线序正确，而且一定要插到底。然后放入压线钳对应的刀口中，用力一次压紧，如图 5-9 和图 5-10 所示。

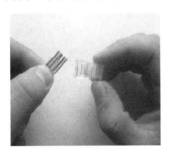

图 5-9　插入 RJ-45 水晶头　　　　　　　图 5-10　压接后的 RJ-45 水晶头

重复步骤（1）到步骤（6）完成另一端水晶头制作，这样就做好了一根网络跳线。

（7）网络跳线测试。

把跳线两端 RJ-45 水晶头分别插入网络跳线测试仪上下对应的插口中，观察测试仪指示灯闪烁顺序。

如果跳线线序和压接正确，上下对应的 8 组指示灯会按照 1-1，2-2，3-3，4-4，5-5，6-6，7-7，8-8 的顺序轮流重复闪烁；

如果有一根线芯或者多根线芯没有压接到位，对应的指示灯不亮；

如果有一根线芯或者多根线芯的线序错误，对应的指示灯将显示错误的线序。

5.1.4　网络压接线实训仪的使用

网络压接线实训仪能够进行双绞线配线端接实训，每台设备每次端接 6 根双绞线电缆的两端，每根双绞线电缆两端各端接线 8 次，每次实训每人端接线 96 次。

每根线芯端接有对应的指示灯，直观和持续地显示端接连接状况和线序，共有 96 个指示灯分 48 组，同时显示 6 根双绞线电缆的全部端接情况，能够直观判断网络双绞线端接时出现的跨接、反接、短路、断路等故障。

在进行网络模块端接实训前，将网络压接线实训仪的电源开关打开，将网线两头剥开后，用网络压线钳将线芯按照线序，逐个上下对应压到跳线架模块中，观察测试仪指示灯闪烁情况。

具体操作显示如下：

（1）线序和端接正确时，上下对应指示灯亮；

（2）线芯端接不良或断线时，上下对应的指示灯不亮；

（3）线序端接错误时，上下对应的指示灯按照实际线序亮。

5.2　模块端接

5.2.1　模块端接的原理

利用压线钳的机械压力将双绞线的 8 根线芯逐一压接到模块的 8 个接线口刀片中，在快速压接过程中刀片首先快速划破线芯绝缘层，然后与铜线芯紧密接触，利用刀片的弹性实现刀线钳前端的小刀片裁剪掉多余的线头。图 5-11 为压线前刀片的位置图，图 5-12 为压线后刀片与线芯的位置图。

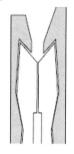
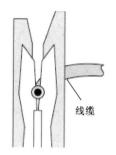

线缆

图 5-11　压线前刀片的位置图　　　　图 5-12　压线后刀片与线芯的位置图

5.2.2　模块端接的方法和步骤

（1）剥开双绞线电缆外绝缘护套。

剪裁掉端头破损的双绞线，使用专门的剥线器或者压线钳沿双绞线电缆外皮旋转一圈，剥去约 30 mm 的外绝缘护套，如图 5-13 和图 5-14 所示。

图 5-13　剥开外绝缘护套　　　　　　图 5-14　抽去剥开的外绝缘护套

☞注意：不能损伤 8 根线芯的绝缘层，更不能损伤任何一根线芯。

（2）拆开 4 对双绞线。

将端头已经抽去外绝缘护套的双绞线按照对应颜色拆开成为 4 对单绞线。在拆成 4 对单绞线时，必须按照绞绕顺序慢慢拆开，同时保护 2 根单绞线不被拆开并保持比较大的曲率半径，图 5-15 所示为正确的操作结果。不允许硬拆线对或者强行拆散，以免形成比较小的曲率半径，图 5-16 中已经将一对双绞线硬折成很小的曲率半径。

图 5-15　拆开 4 对双绞线的正确结果

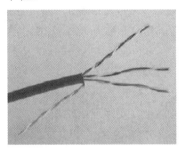
图 5-16　一对双绞线被硬折成很小的曲率半径

（3）拆开单绞线和端接。

根据线序和模块刀口位置分别拆开单绞线，把线芯按照线序逐一放到对应的模块刀口上。用压线钳快速压紧，在压接过程中利用压线钳前端的小刀片裁剪掉多余的线头，盖好防尘罩。在进行网络模块和 5 对连接块端接时，必须按照端接顺序和位置把每对绞线拆开并且端接到对应的位置，每对绞线拆开绞绕的长度越短越好，特别在 6 类、7 类系统端接时非常重要，直接影响永久链路的测试结果和传输速率。

RJ-45 模块的端接过程如图 5-17、图 5-18 和图 5-19 所示。

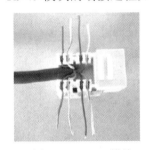
图 5-17　RJ-45 模块

图 5-18　压接并剪掉多余线头

图 5-19　盖好防尘罩

5 对连接块的端接过程如图 5-20、图 5-21 和图 5-22 所示。

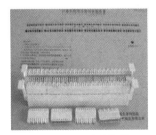
图 5-20　5 对连接块

图 5-21　压接 5 对连接块

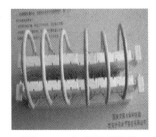
图 5-22　全部压好盖帽

5.3　网络配线实训

任务一　安装标准网络机柜和设备

【任务目的】

（1）掌握综合布线常用工具的使用方法。

（2）认识综合布线系统工程常用器材和设备；

（3）基本掌握标准网络机柜和设备的安装方法。

【任务要求】

（1）设计网络机柜施工安装图；

（2）完成开放式标准网络机架的安装；

（3）完成 1 台 19 英寸 7U 网络压接线实训仪的安装；

（4）完成 1 台 19 英寸 7U 网络跳线测试实训仪的安装；

（5）完成 2 个 19 英寸 1U 24 口标准网络配线架的安装；

（6）完成 2 个 19 英寸 1U 110 型标准通信跳线架的安装；

（7）完成 2 个 19 英寸 1U 标准理线环的安装；

（8）完成电源的安装。

【任务设备、材料和工具】

（1）开放式网络机柜底座 1 个，立柱 2 个，帽子 1 个，电源插座和配套螺钉；

（2）1 台 19 英寸 7U 网络压接线实训仪；

（3）1 台 19 英寸 7U 网络跳线测试实训仪；

（4）2 个 19 英寸 1U 24 口标准网络配线架；

（5）2 个 19 英寸 1U 110 型标准通信跳线架；

（6）2 个 19 英寸 1U 标准理线环；

（7）配套螺钉、螺母；

（8）配套十字头螺丝刀、活扳手、内六方扳手。

【任务步骤】

步骤 1：设计网络机柜施工安装图。参考西元网络配线实训装置的结构，用 AutoCAD 或 Visio 软件设计机柜设备施工安装图，如图 5-23 所示。

步骤 2：器材和工具准备。将设备开箱，按照装箱单检查数量和规格。

步骤 3：机柜安装。按照开放式机柜的安装图纸把底座、立柱、帽子、电源等进行装配，保证立柱安装垂直，牢固。

步骤 4：设备安装。按照步骤 1 设计的施工安

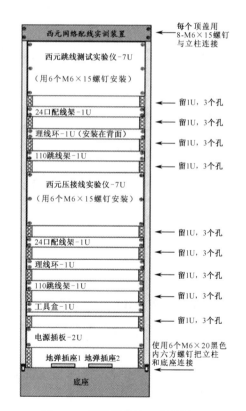

图 5-23　机柜设备施工安装图

装图纸安装全部设备。保证每台设备位置正确，左右整齐和平直。

步骤 5：检查和通电。设备安装完毕后，按照施工图仔细检查，确认全部符合施工图后接通电源测试。

【任务报告】

（1）完成网络机柜设备施工安装图的设计；

（2）总结机柜设备安装的流程和要点；

（3）写出标准 U 机柜和 1U 设备的规格和安装孔尺寸。

任务二　网络模块端接

【任务目的】

（1）掌握网线的色谱、剥线方法、预留长度和压接顺序；

（2）掌握通信配线架模块的端接原理和方法，以及常见端接故障的排除；

（3）掌握常用工具的使用方法和操作技巧。

【任务要求】

（1）完成 6 根网线的两端剥线，不允许损伤电缆铜芯，长度合适；

（2）完成 6 根网线的两端端接，共端接 96 根线芯，端接正确率 100%；

（3）排除端接中出现的开路、短路、跨接、反接等常见故障；

（4）2 人一组，2 课时完成。

【任务设备、材料和工具】

（1）网络配线实训装置；

（2）实训材料包 1 个，内装长度 500 mm 的网线 6 根；

（3）剥线器 1 把，打线钳 1 把，钢卷尺 1 个。

【任务步骤】

步骤 1：实训材料和工具，准备网线。

（1）剥开外绝缘护套，利用剥线器将双绞线一端剥去外绝缘护套 2 cm，在剥护套过程中不能对线芯的绝缘层或者线芯造成损伤或者破坏。

（2）拆开 4 对双绞线，按照对应颜色拆开成 4 对单绞线。在拆成 4 对单绞线时，必须按照绞绕顺序慢慢拆开，同时保护 2 根单绞线不被拆开和保持比较大的曲率半径；不能强行拆散或者硬折线对，以免造成比较小的曲率半径。

（3）拆开单绞线，将 4 对单绞线分别拆开。

（4）打开网络压接线实训仪电源。

步骤 2：按照线序放入端接口并且端接。

（1）将网线一端的 8 根线芯放入实训仪下面对应接线口，然后逐一压接到连接块的刀口中，实现电气连接。端接顺序按照 568B 从左到右依次为"白橙、橙、白绿、蓝、白蓝、绿、白棕、棕"。

（2）另一端端接重复步骤（6），将网线另一端 8 根线芯逐一压接到实训仪上面对应的连接块刀口中，实现电气连接，如图 5-24 所示。

步骤 3：故障模拟和排除。在端接每根线芯时，注意观察对应的指示灯：如果端接正确，对应的指示灯直观显示。如果出现错误，对应的指示灯也会立即显示，此时应及时排除端接过程中出现的故障。也可以人为模拟故障。

步骤 4：重复以上操作，完成全部 6 根网线的端接。

在压接过程中，必须仔细观察对应的指示灯。如果压接完线芯后对应指示灯不亮，则说明上下两排中有一根线芯没有压接好，必须重复压接，直到指示灯亮。如果压接完线芯对应指示灯不亮，但有错位的指示灯亮，则表明上下两排中有一根线芯的线序压错位，必须拆除错位的线芯，在正确位置重复压接，直到对应的指示灯亮。

正确位置压接效果图如图 5-25 所示。

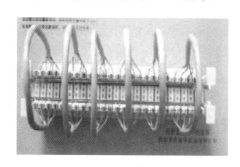
图 5-24　连接示意图

图 5-25　正确位置压接效果图

【任务报告】

（1）写出网线的 8 芯色谱和 568B 端接线序；

（2）写出模块端接原理；

（3）写出压线钳操作注意事项。

任务三　网络配线架端接

【任务目的】

（1）掌握 RJ-45 网络配线架模块端接方法；

（2）掌握通信跳线架模块端接原理和方法；

（3）掌握常用工具的使用方法和操作技巧。

【任务要求】

（1）完成 6 根网线的端接，一端与 RJ-45 水晶头端接，另一端与通信配线架模块端接。

（2）完成另 6 根网线的端接，一端与 RJ-45 网络配线架模块端接，另一端与通信跳线架模块端接。

（3）排除端接中出现的开路、短路、跨接、反接等常见故障。

【任务设备、材料和工具】

（1）网络配线实训装置；

（2）实训材料包 1 个，500 mm 网线 12 根，RJ-45 水晶头 6 个；

（3）剥线器 1 把，打线钳 1 把，钢卷尺 1 个。

【任务步骤】

步骤 1：从实训材料包中取出 2 根网线，打开压接线实训仪电源。

步骤 2: 完成第 1 根网线端接,网线一端与 RJ-45 水晶头端接,另一端与通信跳线架模块端接。

步骤 3: 完成第 2 根网线端接,把网线一端与配线架模块端接,另一端与通信跳线架模块端接。这样就形成了一个网络链路,对应指示灯直观显示线序,如图 5-26 所示。

端接过程中,仔细观察指示灯,及时排除端接中出现的开路、短路、跨接、反接等常见故障。

重复以上步骤完成其余 5 根网线的端接,如图 5-27 所示。

图 5-26　指示灯直观显示线序

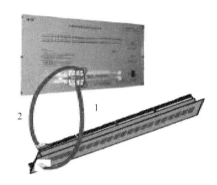

图 5-27　网线的端接

【任务报告】

(1)写出 568A 和 568B 端接线顺序;

(2)写出网络配线架模块端接线的原理;

(3)总结网络配线架模块端接的方法和注意事项。

任务四　110 型通信跳线架端接

【任务目的】

(1)掌握通信跳线架模块端接方法;

(2)掌握网络配线架模块端接方法;

(3)掌握常用工具的使用方法和操作技巧。

【任务要求】

(1)完成 6 根网线端接,一端与 RJ-45 水晶头端接,另一端与通信跳线架模块端接;

(2)完成另 6 根网线端接,一端与网络配线架模块端接,另一端与通信跳线架模块下层端接;

(3)完成 6 根网线端接,两端与两个通信跳线架模块上层端接;

(4)排除端接中出现的开路、短路、跨接、反接等常见故障。

【任务设备、材料和工具】

(1)网络配线实训装置;

(2)实训材料包 1 个,500 mm 网线 18 根,RJ-45 水晶头 6 个;

(3)剥线器 1 把,打线钳 1 把,钢卷尺 1 个。

【任务步骤】

步骤 1：从实训材料包中取出 3 根网线，打开网络压接线实训仪电源。

步骤 2：完成第 1 根网线端接，一端与 RJ-45 水晶头端接，另一端与通信跳线架模块端接。

步骤 3：完成第 2 根网线端接，一端与网络配线架模块端接，另一端与通信跳线架模块下层端接。

步骤 4：完成第 3 根网线端接，把两端分别与两个通信跳线架模块的上层端接。这样就形成了一个有 6 次端接的网络链路，对应的指示灯直观显示线序，如图 5-28 所示。

在端接过程中，仔细观察指示灯，及时排除端接中出现的开路、短路、跨接、反接等常见故障，如图 5-29 所示。

重复步骤 1 到步骤 5 完成其余 5 根网线的端接，如图 5-30 所示。

图 5-28　指示灯直观显示线序　　图 5-29　排查端接中的常见故障　　图 5-30　完成其余 5 根网线的端接

【任务报告】

（1）写出通信跳线架模块端接方法；

（2）写出网络配线架模块端接方法；

（3）总结通信跳线架模块和网络配线架模块的端接经验。

任务五　RJ-45 水晶头端接、跳线制作和测试

【任务目的】

（1）掌握 RJ-45 水晶头和网络跳线的制作方法和技巧；

（2）掌握网线的色谱、剥线方法、预留长度和压接顺序；

（3）掌握各种 RJ-45 水晶头和网络跳线的测试方法；

（4）掌握网线压接常用工具的使用方法和操作技巧。

【任务要求】

（1）完成网线的两端剥线，不允许损伤电缆铜芯，长度合适；

（2）完成 4 根网络跳线制作实训，共计压接 8 个 RJ-45 水晶头；

（3）要求压接方法正确，每次压接成功，压接线序检测正确，正确率为 100%。

【任务设备、材料和工具】

（1）网络配线实训装置；

（2）RJ-45 水晶头 8 个，500 mm 网线 4 根；

（3）剥线器 1 把，压线钳 1 把，钢卷尺 1 个。

【任务步骤】

步骤 1：剥开双绞线电缆外绝缘护套。

首先剪裁掉端头破损的双绞线，使用专门的剥线器或者压线钳沿双绞线电缆外皮旋转一圈，剥去约 30 mm 的外绝缘护套，如图 5-31 和图 5-32 所示。（特别注意不能损伤 8 根线芯的绝缘层，更不能损伤任何一根铜线芯。）

图 5-31　剥开外绝缘护套图　　　　　　　图 5-32　抽去剥开的外绝缘护套图

步骤 2：拆开 4 对双绞线。

将端头已经抽去外绝缘护套的双绞线按照对应颜色拆开成为 4 对单绞线。拆成 4 对单绞线时，必须按照绞绕顺序慢慢拆开，同时保护 2 根单绞线不被拆开并保持比较大的曲率半径，图 5-33 显示的是正确的操作结果。不允许硬拆线对或者强行拆散，以免形成比较小的曲率半径，图 5-34 表示右手已经将一对双绞线硬折成很小的曲率半径。

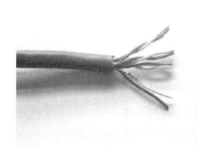

图 5-33　拆开 4 对双绞线的正确结果　　　　图 5-34　一对双绞线被硬折成很小的曲率半径

步骤 3：拆卅单绞线。

将 4 对单绞线分别拆开。注意 RJ-45 水晶头制作和模块压接线时线对拆开方式和长度不同。制作 RJ-45 水晶头时要注意，双绞线的接头处拆开的长度不应超过 20 mm，压接好水晶头后拆开线芯的长度必须小于 14 mm，过长会引起较大的近端串扰。

模块压接时，双绞线压接处拆开的长度应该尽量短，能够满足压接就可以了，不能为了压接方便拆开很长的线芯，过长会引起较大的近端串扰。

步骤 4：拆开单绞线和 8 芯线排好线序。

把 4 对单绞线分别拆开，同时将每根线轻轻捋直，按照 568B 的线序水平排好，在排线过程中注意从线端开始，至少 10 mm 导线之间不应有交叉或者重叠，如图 5-35 所示。568B 线序为：白橙，橙，白绿，蓝，白蓝，绿，白棕，棕。

步骤 5：剪齐线端。

把整理好线序的 8 根线端头一次剪掉，留 14 mm 长度，如图 5-36 所示。

图 5-35 8 芯线排好线序　　　　　　　　　　　　图 5-36 剪齐线端

步骤 6：插入 RJ-45 水晶头和压接。

把水晶头刀片一面朝自己，将白橙线对准第一个刀片插入 8 芯线，每根线芯必须对准一个刀片，插入 RJ-45 水晶头内，保持线序正确，而且一定要插到底。然后放入压线钳对应的刀口中，用力一次压紧，如图 5-37 和图 5-38 所示。

重复步骤 1 到步骤 5，完成另一端水晶头制作，这样一根网络跳线就完成了。

步骤 7：网络跳线测试。

把跳线两端 RJ-45 头分别插入测试仪上下对应的插口中，观察测试仪指示灯的闪烁顺序，如图 5-39 所示。568B 线序为白橙，橙，白绿，蓝，白蓝，绿，白棕，棕。如果跳线线序和压接正确，上下对应的 8 组指示灯会按照 1-1，2-2，3-3，4-4，5-5，6-6，7-7，8-8 顺序轮流重复闪烁；如果有一芯或者多芯没有压接到位，对应的指示灯不亮；如果有一芯或者多芯线序错误，对应的指示灯将显示错误的线序。

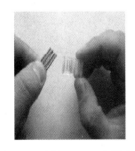

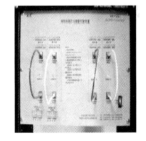

图 5-37 插入 RJ-45 水晶头　　图 5-38 压接后的 RJ-45 水晶头　　图 5-39 跳线测试

【任务报告】

（1）写出网线 8 芯色谱和 568B 端接线顺序；

（2）写出 RJ-45 水晶头端接线的原理；

（3）总结网络跳线的制作方法和注意事项。

任务六 简单链路端接

【任务目的】

（1）掌握网络永久链路；

（2）掌握网络跳线制作方法和技巧；

（3）掌握网络配线架的端接方法；

（4）熟练掌握网络端接常用工具的使用方法和操作技巧。

【任务要求】

（1）完成 4 根网络跳线制作，一端插在实训仪的 RJ-45 口中，另一端插在配线架的 RJ-45 口中；

（2）完成 4 根网络线端接，一端 RJ-45 水晶头端接并且插在实训仪中，另一端在网络配线架模块端接；

（3）完成 4 个网络链路，每个链路端接 4 次 32 芯线，端接正确率为 100%。

【任务设备、材料和工具】

（1）网络配线实训装置；

（2）RJ-45 水晶头 12 个，500 mm 网线 8 根；

（3）剥线器 1 把，压线钳 1 把，打线钳 1 把，钢卷尺 1 个。

【任务步骤】

步骤 1： 从实训材料包中取出 3 个 RJ-45 水晶头、2 根网线。

图 5-40 简单链路端接路由

步骤 2： 打开网络配线实训装置上的网络跳线测试仪电源。

步骤 3： 按照 RJ-45 水晶头的制作方法，制作第 1 根网络跳线，两端 RJ-45 水晶头端接。测试合格后将一端插在测试仪的 RJ-45 口中，另一端插在配线架的 RJ-45 口中。

步骤 4： 将第 2 根网线一端首先按照 568B 线序做好 RJ-45 水晶头，然后插在测试仪的 RJ-45 口中。

步骤 5： 把第 2 根网线另一端剥开，将 8 芯线拆开，按照 568B 线序端接在网络配线架模块中。这样就形成了一个 4 次端接的永久链路，如图 5-40 所示。

测试压接好的模块后，这时对应的 8 组 16 个指示灯依次闪烁，显示线序和电气连接情况，如图 5-41 所示。

重复以上步骤，完成 4 个网络链路和测试，如图 5-42 所示。

【任务报告】

（1）设计一个带集合点的综合布线永久链路图；

（2）总结永久链路的端接技术，如 568A 和 568B 端接线序和方法；

（3）总结 RJ-45 模块和 5 对连接模块的端接方法。

图 5-41　指示灯显示线序和电气连接情况　　　图 5-42　完成 4 个网络链路和测试

任务七　复杂链路端接

【任务目的】

（1）设计复杂的永久链路图；

（2）熟练掌握 110 型通信跳线架和 RJ-45 网络配线架的端接方法；

（3）掌握永久链路的测试技术。

【任务要求】

（1）完成 4 根网络跳线制作，一端插在测试仪的 RJ-45 口中，另一端插在配线架的 RJ-45 口中；

（2）完成 4 根网线端接，一端端接在配线架模块中，另一端端接在通信跳线架连接块下层；

（3）完成 4 根网线端接，一端与 RJ-45 水晶头端接并且插在测试仪中，另一端端接在通信跳线架连接块上层；

（4）完成 4 个网络永久链路，每个链路端接 6 次 48 芯线，端接正确率为 100%。

【任务设备、材料和工具】

（1）网络配线实训装置；

（2）实训材料包 1 个，RJ-45 水晶头 12 个，500 mm 网线 12 根；

（3）剥线器 1 把，压线钳 1 把，打线钳 1 把，钢卷尺 1 个。

【任务步骤】

步骤 1： 准备材料和工具，打开电源开关。

步骤 2： 按照 RJ-45 水晶头的制作方法，制作第 1 根网络跳线，两端与 RJ-45 水晶头端接。测试合格后将一端插在测试仪下部的 RJ-45 口中，另一端插在配线架 RJ-45 口中。

步骤 3： 把第 2 根网线一端按照 568B 线序端接在网络配线架模块中，另一端端接在 110 型通信跳线架下层，并且压接好 5 对连接模块。

步骤 4： 把第 3 根网线一端端接好 RJ-45 水晶头，插在测试仪上部的 RJ-45 口中，另一端端接在 110 型通信跳线架模块上层，端接时对应指示灯直观显示线序和电气连接情况。完成上述步骤就形成了有 6 次端接的一个永久链路，如图 5-43 所示。

步骤 5： 测试压接好的模块时，对应的 8 组 16 个指示灯依次闪烁，显示线序和电气连接情况，如图 5-44 所示。

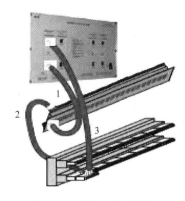

图 5-43　复杂链路端接路由　　　　　图 5-44　指示灯显示线序和电气连接情况

重复以上步骤，完成 4 个网络永久链路和测试，如图 5-45 所示。

永久链路技术指标测试，把永久链路的两个 RJ-45 插头，插入专业的网络测试仪器，就能直接测量出这个链路的各项技术指标了。

GB 50311 中规定的永久链路 11 项技术参数如下：

- 最小回波损耗值；
- 最大插入损耗值；
- 最小近端串扰值；
- 最小近端串扰功率；
- 最小 ACR 值；
- 最小 PSACR 值；
- 最小等电平远端串扰值；
- 最小 PS ELFEXT 值；
- 最大直流环路电阻；
- 最大传播时延；
- 对齐最大传播时延偏差。

图 5-45　完成 4 个网络永久链路和测试

【任务报告】

（1）设计一个复杂的永久链路；

（2）总结永久链路的端接和施工技术；

（3）总结网络链路端接的种类。

第6章 工作区子系统布线

6.1 工作区子系统的设计规范

工作区是一个可以独立设置终端设备的区域，它包括水平配线系统的信息插座，以及连接信息插座和终端设备的跳线和适配器。工作区的服务面积一般可按 $5\sim10$ m² 估算，工作区内信息点的数量根据相应的设计等级要求设置（$1\sim5$ 个）。工作区的每个信息插座都应该支持电话机、数据终端、计算机及监视器等终端设备。同时，为了便于管理和识别，有些厂家的信息插座做成多种颜色（如：黑、白、红、蓝、绿、黄），这些颜色的设置应符合 TIA/EIA 606 标准。

1．工作区子系统设计规范的规定

（1）每个工作区信息插座模块（电、光）数量不宜少于2个，并满足各种业务的需求。

（2）底盒数量应由插座盒面板设置的开口数确定，每个底盒支持安装的信息点数量不宜大于2个。

（3）光纤信息插座模块安装的底盒大小应充分考虑到水平光缆（2 芯或 4 芯）端接处的光缆盘留空间和满足光缆对弯曲半径的要求。

（4）工作区的信息插座模块应支持不同的终端设备接入，每个 8 位模块通用插座应连接 8 根 4 对双绞电缆，对每个双工或 2 个单工光纤连接器件及适配器连接 1 根 2 芯光缆。

（5）从电信间至每个工作区水平光缆宜按 2 芯光缆配置。

（6）当光纤至工作区满足用户群或大客户使用时，光纤芯数至少应有 2 芯备份，按 4 芯水平光缆配置。

（7）连接至电信间的每根水平电／光缆应端接于相应的配线模块，配线模块与线缆容量相适应。

2．统计信息点数量

工作区的信息插座大致可分为嵌入式安装插座、表面安装插座、多介质信息插座三类。其中，嵌入式安装插座和表面安装插座是用来连接 3 类和 5 类双绞线的；多介质信息插座用来连接双绞线光纤，即用以解决用户对"光纤到桌面"的需求。

应根据用途及综合布线的设计等级和客户需要，确定信息插座的类别。新建筑物通常采用嵌入式安装的信息插座，现有建筑物则采用表面安装的信息插座。

根据楼宇的平面图计算实际可用的空间，然后按下式确定工作区信息点总数：

$$信息点总数=\sum 每工作区点数 \quad （精确估算）$$

或者

$$信息点总数=总面积÷每工作区面积×信息点系数 \quad （平均估算）$$

这里每工作区面积一般为 10 m^2，信息点系数取 1～5。

3．RJ-45 铜缆跳线

传统的语音通信采用 RJ-11 插头，而网络数据通信采用 RJ-45 插头。由于 RJ-45 插座也兼容 RJ-11 插头，所以目前的综合布线一般只布 RJ-45 插座。

RJ-45 插座有两个国际标准：T568A（符合 ISDN 国际标准）和 T568B（ALT，在北美洲广泛应用），两者外观一样，只是线的排列次序不同。

T568A（或称 A 类打线）的排列顺序为：绿白、绿、橙白、蓝、蓝白、橙、棕白、棕。

T568B（或称 B 类打线）的排列顺序为：橙白、橙、绿白、蓝、蓝白、绿、棕白、棕。

它们都使用 1，2，3，6 针通信（1，2 针发送，3，6 针接收），只是橙、绿顺序颠倒。所以，若跳线一头采用 T568A，另一头采用 T568B，则刚好是反跳线；若两头采用同一打线方法，则为普通跳线。

☞注意：在整个工程中，一定要采用一种打线方法，不可混用。我们建议采用 T568B 标准的打线。另外，RJ-11 采用 2,3 针通信，相当于 RJ-45 的 4,5 针。

6.2　工作区子系统的安装要求

工作区信息插座的安装要符合下列规定：

（1）安装在地面上的接线盒应防水和抗压；

（2）安装在墙面或柱子上的信息插座底盒、多用户信息插座盒，以及集合点配线箱体的底部离地面的高度宜为 300 mm。

工作区的电源应符合下列规定：

（1）每个工作区至少应配置 1 个 220 V 交流电源插座；

（2）工作区的电源插座应选用带保护接地的单相电源插座，保护接地与零线应严格分开。

模拟办公室等工作区的综合布线系统实训，能够进行以下实训项目：

（1）实训前进行工作区子系统的规划和设计，计算和领取实训所需的材料和工具；

（2）各种单口网络、双口网络、多口网络、电话底盒、模块、面板的安装和穿线，以及压接模块实训；

（3）工作区墙面—底盒、地面—底盒之间线槽和线管的固定；

（4）接口—工作台之间跳线的制作、测试和连接。

6.3　工作区子系统布线实训

任务一　统计信息点

【任务目的】

通过对教学楼工作区信息点的统计，学会统计建筑物信息点的方法。

【任务要求】

（1）会制作信息点数量统计表；

（2）能正确填写信息统计表。

【任务设备】

（1）综合布线模拟装置；

（2）安装有电子表格的计算机。

【任务步骤】

信息点数量和位置的规划设计非常重要，直接决定项目投资规模。一般使用 Excel 工作表或 Word 表格设计信息点统计表。主要设计和统计建筑物的数据、语音、控制设备等信息点数量。

步骤 1：设计工作区信息点。

（1）计算信息点引出插座数量。

（2）确定信息点引出插座的类型。需求分析首先从整栋建筑物的用途开始进行，然后按照楼层进行分析，最后再到楼层的各个工作区或者房间，逐步明确和确认每层和每个工作区的用途和功能，分析这个工作区的需求，规划工作区的信息点数量和位置。

（3）确定工作区信息点数量。一般情况下，网管中心、呼叫中心、信息中心等终端设备较为密集的场地，以及办公区、会议室、会展中心、商场、生产机房、娱乐场所、体育场馆、候机室、公共设施区、工业生产区信息点的配置，每个工作区需要设置一个计算机网络数据点或者语音电话点，或按用户需要设置。也有部分工作区需要支持数据终端、电视机及监视器等终端设备。常见工作区信息点的配置原则如表 6-1 所示。

表 6-1　常见工作区信息点的配置原则

编号	工作区类型及功能	安 装 位 置	信息点数量	
			数据	语音
1	网管中心、呼叫中心、信息中心等终端设备较为密集的场地	工作台附近的墙面集中布置的隔断或墙面	1 个/工位	1 个/工位
2	集中办公区域的写字楼、开放式工作区等人员密集场所	工作台附近的墙面集中布置的隔断或墙面	1 个/工位	1 个/工位
3	研发室、试制室等科研场所	工作台或试验台处墙面或者地面	1 个/间	1 个/间
4	董事长、经理、主管等独立办公室	工作台处墙面或者地面	2 个/间	2 个/间
5	餐厅、商场等服务业	收银区和管理区	1 个/50 m²	1 个/50 m²
6	宾馆标准间	床头或写字台或浴室	4 个/间，写字台	1~3 个/间
7	学生公寓（4 人间）	写字台处墙面	4 个/间	4 个/间
8	公寓管理室、门卫室	写字台处墙面	1 个/间	1 个/间
9	教学楼教室	讲台附近	2 个/间	0
10	住宅楼	书房	1 个/套	2~3 个/套
11	小型会议室/商务洽谈室	主席台处地面或者台面会议桌地面或者台面	2~4 个/间	2 个/间

（续表）

编号	工作区类型及功能	安 装 位 置	信息点数量	
			数据	语音
12	大型会议室，多功能厅	主席台处地面或者台面会议桌地面或者台面	5～10 个/间	2 个/间
13	2000~3000 m² 中小型卖场	收银区或管理区	1 个/100m²	1 个/100m²
14	大于 5000 m² 的大型超市或者卖场	收银区或管理区	1 个/30～50m²	1 个/30～50m²

步骤 2：制作信息点统计表。

在表格的第一行填写信息点统计表名称，第二行填写楼层编号，第三行填写语音点 TP 和数据点 TO。数据点在左栏，语音点在右栏，对应相应的楼层。每个楼层点两行，一行语音点，一行数据点。同时填写楼层号，楼层号按照第一行为顶层、最后一行为底层的顺序排列。第一列为楼层编号，其余是房间编号。

步骤 3：填写信息点数据。

根据建筑物实际情况，把每个房间的数据点和语音点数量填写到表格中。填写时要按一定的顺序进行，从顶层的第一个房间开始，根据需求确定信息点数量。在每个工作区内，首先确定数据信息点数量，然后确定语音信息点数量，同时也要注意其他智能设备（如监制设备等）的需要。房间内不需要设置信息点的，表格内不能留空，用"0"填写。信息点统计表如表 6-2 所示。

表 6-2 XXX 教学楼信息点统计表

房间 楼层		x1		x2		x3		x4		x5		x6		x7		合计	
		TO	TP	TO	TP	TO	TP	TO	TP	TO	TP	TO	TP	TO	TP	TO	TP
三楼	TO																
	TP																
二楼	TO																
	TP																
一楼	TO																
	TP																
总计																	

编写： 审核： 审定： 年 月 日

任务二 编制信息点端口对应表

【任务目的】

（1）理解信息点端口对应表。

（2）能编制规范的信息点端口对应表。

【任务要求】

使用 Word 或电子表格，根据建筑物信息点端口对应规则，完成建筑物信息点端口对应表的设计。建筑物信息点端口对应规则如图 6-1 所示。

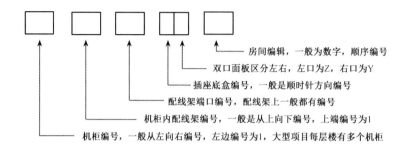

图 6-1　建筑物信息点端口对应规则

【任务步骤】

步骤 1：根据样表，绘制建筑物端口对应表。样表如表 6-3 所示。

表 6-3　建筑物端口对应表样表

项目名称：理学　　　　　建筑物名称：　　　　　楼层：　　　机柜：　　　　文件编号：

序号	信息点编号	机柜编号	配线架编号	配线架端口编号	插座底盒编号	房间编号
1	FD1-1-1-1Z-11	FD1	1	1	1	11
2	FD1-1-2-1Y-11	FD1	1	2	1	11
3	FD1-1-3-1-13	FD1	1	3	1	13
4						
5						

编制人签字：　　　　　　审核人签字：　　　　　　　　审定人签字：

编制单位：　　　　　　　　　　　　　　　　时间：　　年　月　日

步骤 2：制作教学楼端口对应表。

任务三　压接安装网络插座

【任务目的】

（1）掌握网络插座压接工具的使用方法。

（2）熟练掌握工作区网络底盒的安装方法。

【任务要求】

（1）计算和准备好实训所需的材料和工具；

（2）完成工作区子系统 4 个网络底盒和模块的安装；

（3）初步掌握现场压接模块的方法和技巧；

（4）初步掌握在常用网络明装塑料底盒的规格和在墙面安装的方法。

【任务设备、材料和工具】

（1）任务设备为网络综合布线实训装置；

（2）明装塑料底盒、网络模块、盖板、固定螺钉等若干；

（3）十字头螺丝刀、压线钳等。

【任务步骤】

步骤 1： 根据工作区工作台、操作台等室内布局情况，规划和确定网络插座的安装位置。布线路径为：该工作区的网络机柜—墙面网络插座底盒。

步骤 2： 计算和准备实训材料和工具。

步骤 3： 安装明装塑料底盒和模块。

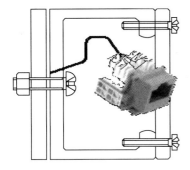

图 6-2　安装方法

（1）根据确定的安装数量和位置，准备好实训材料和工具，从货架上取下 M6 螺栓、底盒、盖板、模块、面板等材料和工具备用。

（2）在墙面首先安装网络插座底盒。底盒用 1 个 M6 螺栓固定在设计好的墙面位置上，其高度在不超过 600 mm 的位置上。安装方法如图 6-2 所示。

（3）整理网线，重新做好标记。安装好底盒后，将网线掏出，按照该线原来的标记，在 100 mm 处重新做好线缆编号标记后，在 150 mm 处将多余的网线剪掉。

☞**注意：** 必须先做新标记，然后再剪掉多余线缆。在底盒内网线预留 150 mm。若预留太长，则底盒内装不下，影响模块和面板的安装；若预留太短，则模块安装困难。

步骤 4： 安装网络模块，压接线。

（1）将底盒内伸出的网线利用剥线器将双绞线外绝缘护套剥去约 20 mm，特别注意不能损伤线芯，并将 4 对线成扇形拨开，顺时针从左至右依次为"白橙 / 橙"、"白蓝 / 蓝"、"白绿 / 绿"、"白棕 / 棕"。

（2）将 8 条芯线按照 568B 接线色谱依白橙、橙、白绿、蓝、白蓝、绿、白棕、棕的顺序，按照顺时针方向排列整齐。然后用压线钳将 8 条线逐一压接到网络模块对应的端口中。

（3）确认压接和线序正确时，盖好模块防尘盖，保护压接好的线芯不脱落。

（4）将压接好的模块卡装在面板上，然后安装固定面板的螺钉和盖板。

【任务报告】

（1）写出安装的明装底盒规格；

（2）写出 568B 网络模块压接线方法和技巧；

（3）画出工作区布线图。

【拓展知识】

1）86 型插座面板的特性

（1）插座面板为 K86 系列，如图 6-3 所示，其外形尺寸为 86 mm×86 mm。

（2）插座面板可安装 M245 系列超 5 类 RJ-45 信息模块、M256 系列电话插座模块，插座面板还可以安装 S905-1 光纤耦

图 6-3　K86 系列插座面板

合器、有线电视头等，自由组合成多种多媒体应用。

2）超 5 类 RJ-45 信息模块

（1）产品特性：超 5 类 RJ-45 信息模块，如图 6-4 所示，是依据国际标准 ISO/IEC 11801 和 TIA/EIA568 设计制造的 8 线式插座模块。带印制板结构，确保产品性能的稳定性。采用防尘罩设计，既能有效防止灰尘的进入，又可免接线工具，使用更加灵活方便。

图 6-4　超 5 类 RJ-45 信息模块

（2）产品简介。

IDC：卡接簧片镀锡包镍，卡接可重复次数达 200 次；

寿命：插头插座可重复插拔次数≥750 次；

抗电强度：DC 1000V（AC 700V）1 min 无击穿和飞弧现象；

整体材料：PCPPO；

技术标准：ISO/IEC 11801。

3）RJ-45 水晶头数量的计算方法

RJ-45 水晶头的需求量一般用下式计算：

$$m=n\times 4+n\times 15\%$$

其中，m 表示 RJ-45 的总需求量；n 表示信息点的总量；$n\times 15\%$ 表示留有的富余量。

信息模块的需求量一般为：

$$m=n+n\times 3\%$$

其中，m 表示信息模块的总需求量；n 表示信息点的总量；$n\times 3\%$ 表示富余量。

任务四　工作区线槽／线管布线

【任务目的】

（1）了解工作区子系统布线常用工具和基本材料的使用方法；

（2）掌握工作区子系统的设计和布线、施工原则；

（3）掌握在墙面直接安装线管、线槽和穿线的方法；

（4）掌握在墙面安装明装塑料底盒的方法；

（5）掌握墙面模块的安装和压接线的方法和技巧；

（6）掌握布线材料规格和数量的计算方法。

【任务要求】

（1）计算和准备好实训所需的材料和工具；

（2）完成工作区子系统模拟布线实训，合理设计和施工布线系统，路径合理；

（3）掌握工作区子系统线槽/线管的接头和三通连接以及大线槽开孔、安装、布线、盖板的方法和技巧；

（4）掌握锯弓、螺丝刀、电动起子（电动螺丝刀）等工具的使用方法和技巧；

（5）掌握大线槽布线规格和允许布线数量；

（6）每个实训小组由 3～5 人组成，每个小组独立完成以下实训任务。

【任务设备、材料和工具】

（1）网络综合布线实训装置；

（2）PVC 塑料线槽和接头、明装塑料底盒、固定螺栓等若干；

（3）锯弓、锯条、钢卷尺、十字头螺丝刀等。

【任务步骤】

步骤 1：根据工作区工作台、操作台等室内布局情况和网络插座位置，规划和设计布线路径。布线路径为该工作区的网络机柜到墙面网络插座底盒。

步骤 2：计算和准备实训材料和工具。

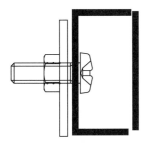

图 6-5　线槽安装图

步骤 3：安装和布线。详细安装步骤和布线方法如下：

（1）根据规划和设计好的布线路径准备好实训材料和工具，从货架上取下线槽、M6 螺栓、锯弓等材料和工具备用。

（2）根据设计的布线路径在墙面首先安装好网络插座底盒。底盒用 M6 螺栓固定在设计好的墙面位置上。

（3）然后开始安装线槽，每隔 500～600 mm 安装 1 个 M6 螺栓固定好线槽，线槽的安装方法如图 6-5 所示。安装线槽前，根据墙面螺孔位置在线槽上开直径 8 mm 的小孔。

（4）安装线缆，盖好线槽盖板。

（5）安装网络模块，压接线，安装网络插座面板，每个小组实训路径如图 6-6 所示，分组实训路径如图 6-7 所示。

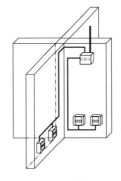

图 6-6　工作区线槽/管线布线各小组实训路径

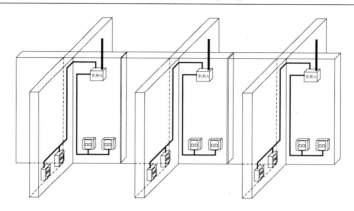

图 6-7　工作区线槽/管线布线分组实训路径

网络综合布线实训装置的每个角可以当作 1 个工作区使用，每个小组进行以上实训。

【任务报告】

（1）画出工作区子系统布线路径图；

（2）写出所需的材料和工具规格、数量；

（3）写出安装模块的方法和 568B 接线方式的线芯顺序。

【拓展知识】

工作区子系统的一般设计原则是：

（1）工作区内线槽要布放得合理、美观；

（2）信息插座要设计在距离地面 30 cm 以上；

（3）信息插座与计算机设备的距离保持在 5 m 范围内；

（4）购买的网卡类型接口要与线缆类型接口保持一致；

（5）所有工作区所需的信息模块、信息座、面板的数量相符。

第 7 章　配线子系统布线

配线子系统由工作区内的信息插座、楼层配线设备到信息插座的水平电缆、楼层配线设备和跳线等组成。它的功能是将干线子系统线路延伸到用户工作区。一般情况下，配线子系统电缆应采用四对双绞线电缆。在配线子系统有高速率应用的场合，应采用光缆，即光纤到桌面。配线子系统应根据整个综合布线系统的要求，在二级交接间、交接间或设备间的配线设备上进行连接，以构成电话、数据、电视系统和监视系统，并可方便地进行管理。配线子系统的电缆长度应小于 90 m，信息插座应在内部做固定线连接。

7.1　配线子系统的设计规范

根据工程提出的近期和远期终端设备的设置要求、用户性质、网络构成及实际需要确定建筑物各层需要安装信息插座模块的数量及其位置，配线应留有扩展余地。

配线子系统线缆应采用非屏蔽或屏蔽 4 对对绞电缆，在需要时也可采用室内多模或单模光缆。

电信间 FD 与电话交换配线及计算机网络设备之间的连接方式，其要求如下：

（1）电话交换配线的连接方式应符合图 7-1 的要求。

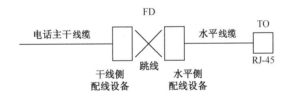

图 7-1　电话交换配线的连接方式

（2）计算机网络设备的连接方式：经跳线连接应符合图 7-2 所示的要求，经设备线缆连接应符合图 7-3 所示的要求。

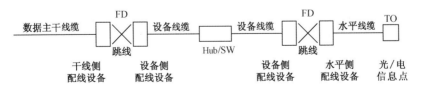

图 7-2　经跳线连接的方式

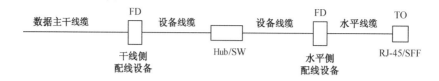

图 7-3　经设备线缆连接的方式

7.2　模拟建筑物配线子系统布线设计

1. 插座类型和数量

（1）根据建筑物结构和用户需求确定传输介质和信息插座的类型；
（2）根据楼层平面图计算可用空间，以及信息插座的类型、数量；
（3）确定信息插座的安装位置及安装方式。

2. 确定路由

根据建筑物结构、用途，将配线子系统设计方案贯穿于建筑物的结构之中，这是最理想的。但大多数的情况是新建筑物的图样已经设计完成，只能根据建筑物平面图来设计配线子系统的走线方案。档次比较高的建筑物一般都有天花板，水平走线可在天花板（吊顶）内进行。对于一般建筑物，配线子系统采用地板下或隔墙内的管道布线方法。

走线原则是：隐蔽、安全、美观、整洁，安装和维护方便，节省材料。

3. 确定线缆类型

确定线缆的类型应遵循下述原则：
（1）比较经济的方案是光纤、双绞线混合的布线方案；
（2）对于 10 Mbps 以下低速数据和语音传输及控制信号的传输，采用 3 类或 5 类双绞线；
（3）对于 100 Mbps 的高速数据传输，多采用 5 类双绞线；
（4）对于 100 Mbps 以上宽带数据和复合信号的传输，采用光纤或 6 类以上的双绞线；
（5）对于特殊环境，还需采用阻燃电缆等特种电缆。

4. 确定线缆长度和数量

（1）确定布线方法和线缆走向。
（2）确定管理间或楼层配线间所管理的区域。
（3）确定离配线间最远、最近的信息插座的距离。
（4）双绞线水平布线长度一般不大于 90 m；加上桌面跳线 6 m、配线跳线 3 m，其长度也应小于 100 m。若超过 100 m，需采用其他介质或通过有源设备中继。
（5）多模短波光纤布线长度必须小于 550 m，超过 2 km 必须采用单模光纤。
（6）无论铜缆还是光缆，传输距离与传输速率成反比。
（7）平均电缆长度=（最远+最近两条电缆路由总长）÷2，总电缆长度 = ［平均电缆长度+备用部分（平均长度的 10%）＋端接容差（一般设为 6 m）］×信息总点数。

（8）鉴于双绞线一般按箱订购，每箱 305 m（1 000 英尺，每圈约 1 m），而且网络线不容许接续，即每箱零头要浪费。所以，每箱布线根数=（305÷平均电缆长度），并取整，则：所需的总箱数=（总点数÷每箱布线根数），并向上取整。

（9）也可采用 500 m 或 1000 m 的配盘，光纤皆为盘型。

4．布线要点

布线要点可归纳为如下几点：

（1）双绞线的非扭绞长度，3 类线小于 13 mm，5 类线小于 25 mm，最大暴露双绞线长度小于 50 mm。

（2）采用专用的剥线和打线工具，不能剥伤绝缘层或割伤铜线。

（3）使用打线工具时，一定要保持用力方向与工作面的垂直，用力要短、快，不要用柔力，以免影响打线质量。

（4）双绞线在弯折时不要出现尖角，一定要圆滑过渡，并保持走线的一致与美观。UTP的弯曲半径要大于线外径的 4 倍，STP 应大于线外径的 6 倍，干线双绞线的弯曲半径要大于线外径的 10 倍，光缆要大于其线外径的 20 倍。

（5）布线时施加到每根双绞线的拉力不要超过 100 N（10 kg），布线后线缆不要存在应力。在捆绑线缆时，不要将线缆捆得变形，否则会使线缆内部双绞线的相对位置改变，从而影响线缆的传输性能。

（6）一般工作区出线盒留线长度为 20 cm，配线间留线长度为能走线到机柜的最远端的距离，光缆留线长度为 3～6 m。

（7）必须保证光纤连接器的清洁，每个端接器的衰减应小于 1 dB。

7.3　配线子系统布线实训

配线子系统一般安装得十分隐蔽。在智能大厦交工后，该子系统很难接近，因此更换和维护水平线缆的费用很高，技术要求也很高。如果我们经常对水平线缆进行维护和更换的话，就会影响大厦内用户的正常工作，严重者就要中断用户的正常使用。由此可见，配线子系统的管路敷设、线缆选择将成为综合布线系统中重要的组成部分。

任务一　线管布线安装实训

【任务目的】

（1）掌握配线子系统的设计；

（2）掌握配线子系统的施工方法；

（3）熟练掌握弯管器使用方法和布线曲率半径的要求；

（4）通过核算、列表、领取材料和工具，训练规范施工的能力。

【任务要求】

（1）设计一种配线子系统的布线路径，并且绘制施工图；

（2）按照设计图，核算实训材料规格和数量，掌握工程材料核算方法，列出材料清单；

（3）按照设计图，准备实训工具，列出实训工具清单，独立领取实训材料和工具；

（4）独立完成配线子系统线管安装和布线方法，掌握 PVC 管卡、管的安装方法和技巧，掌握 PVC 管弯头的制作。

【任务设备、材料和工具】

（1）网络综合布线实训装置 1 套；

（2）Φ 20 PVC 塑料管、管接头、管卡若干；

（3）弯管器、穿线器、十字头螺丝刀、M6×16 十字头螺钉；

（4）钢锯、线槽剪、登高梯子、编号标签。

【任务步骤】

步骤 1： 使用 PVC 线管设计一种从信息点到楼层机柜的配线子系统，并绘制施工图，如图 7-4 所示。按照设计图，核算实训材料的规格和数量，列出材料清单。

步骤 2： 按照设计图，列出实训工具清单，领取实训材料和工具。

步骤 3： 线管弯管布设。

（1）首先在需要的位置安装管卡。然后安装 PVC 管，两根 PVC 管连接处使用管接头，拐弯处必须使用弯管器制作大拐弯的弯头连接，如图 7-5 所示。

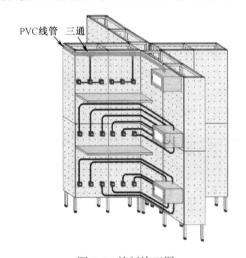

图 7-4　绘制施工图

图 7-5　使用弯管器制作大拐弯的弯头连接

（2）布线。在明装布线实训时，边布管边穿线；在暗装布线时，先把全部管和接头安装到位，并且固定好，然后从一端向另外一端穿线。

（3）布管和穿线后，必须做好线标。

【任务报告】

（1）设计一种配线子系统施工图；

（2）列出实训材料的规格、型号、数量清单表；

（3）列出实训工具的规格、型号、数量清单表；

（4）使用弯管器制作大拐弯接头的方法和经验；

（5）配线子系统布线施工程序和要求。

任务二　φ20 PVC 线管墙面布线

【任务目的】

（1）了解综合布线的基本原理和要求；

（2）弯管器、锯弓、弯头、直接头等工具和基本材料的使用方法；

（3）初步掌握综合布线常用材料的计算方法。

【任务要求】

（1）计算和准备好实训所需的材料和工具；

（2）完成两个机柜之间的水平布线，路径合理，节约材料；

（3）水平布管平直、美观，接头合理；

（4）弯头成 90°直角；

（5）掌握锯弓、弯管器、电动起子（电动螺丝刀）等工具的使用方法和技巧；

（6）掌握拉线力量和弯曲半径的要求；

（7）可以参照图 7-6 所示的效果图。

图 7-6　效果图

【任务设备、材料和工具】

（1）网络综合布线实训装置；

（2）4-UTP 网络线约 10 m；

（3）φ20 PVC 管约 8 m；

（4）管卡、M6 螺栓、接头、弯头等；

（5）锯弓、锯条、钢卷尺、十字头螺丝刀、弯管器、电动起子等。

【任务步骤】

步骤 1：规划和设计布线路径，一般是从一个机柜到附近的另一个机柜；

步骤 2：计算和准备实训材料和工具；

步骤 3：安装和布线。

（1）根据规划和设计好的布线路径准备好实训材料和工具，从货架上取下 φ20 PVC 管、直接头、管卡、M6 螺栓、弯管器、锯弓等材料和工具备用。

（2）根据设计的布线路径在墙面安装管卡，从第一个机柜向第二个机柜之间每隔 500～600 mm 安装 1 个管卡。管卡安装方法如图 7-7 所示。

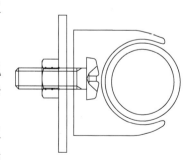

（3）在拐弯处用弯管器对 φ20 PVC 管成形，两端安装直接头和 PVC 管。同时在 PVC 管内穿一根 4-UTP 网线。两头机柜内必须预留网线 1.5 m。

图 7-7　管卡安装方法

步骤 4：分组实训，布线路径如下。

（1）第 1 组布线路径如图 7-8 所示。

A 机柜—C 机柜：高度约为 1.35 m，长度约为 8 m，4 个阳角，3 个阴角。

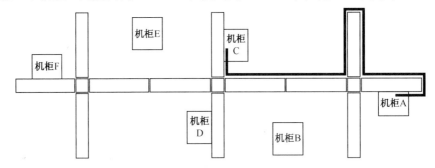

图 7-8   第 1 组布线路径

（2）第 2 组布线路径如图 7-9 所示。

C 机柜—F 机柜：高度约为 1.45 m，长度约为 8 m，4 个阳角，3 个阴角。

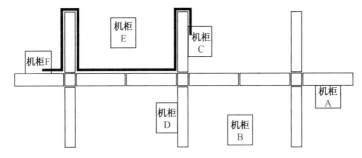

图 7-9   第 2 组布线路径

（3）第 3 组布线路径如图 7-10 所示。

F 机柜—D 机柜：高度约为 1.55 m，长度约为 8 m，4 个阳角，3 个阴角。

图 7-10   第 3 组布线路径

（4）第 4 组布线路径如图 7-11 所示。

D 机柜—A 机柜：高度约为 1.65 m，长度约为 8 m，4 个阳角，3 个阴角。

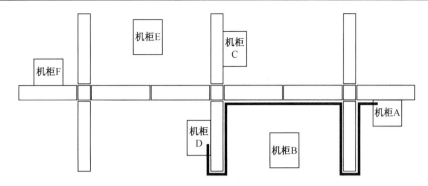

图 7-11　第 4 组布线路径

（5）第 5 组布线路径如图 7-12 所示。

A 机柜—C 机柜—F 机柜—D 机柜：以上 4 个实训的综合实训。

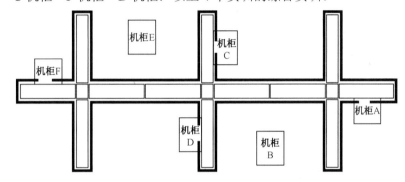

图 7-12　第 5 组布线路径

【任务报告】

（1）设计配线子系统布线路径图；

（2）计算出布线所需的材料和工具；

（3）写出网线允许的拉线力量和弯曲半径，以及对布线系统传输速率的影响；

（4）使用工具的体会和技巧。

【拓展知识】

水平布线子系统的设计原则：水平布线是将线缆从设备间子系统的配线间接到每一楼层的工作区的信息输入 / 输出（I/O）插座上。设计者要根据建筑物的结构特点，从路由（线路）最短、造价最低、施工方便、布线规范等几个方面考虑。但由于建筑物中的管线比较多，往往要遇到一些矛盾，所以设计水平系统时必须折中考虑，优选最佳的水平布线方案。

一般建筑物在前期设计中必须考虑布线方式，通常可采用 3 种方式：

（1）直接埋管式；

（2）先走吊顶内线槽，再走支管到信息出口的方式；

（3）适合大开间及后打隔断的地面线槽方式。

前期没有预埋管线的建筑物，一般采取以下方式：

（1）考虑从吊顶上布线；

（2）在墙面明装线管或者线槽布线。

线缆最大允许的拉力为：

- 1 根 4 对双绞线，拉力为 100 N；
- 2 根 4 对双绞线，拉力为 150 N；
- 3 根 4 对双绞线，拉力为 200 N；
- n 根 4 对双绞线，拉力为（50n+50）N；
- 25 对 5 类 UTP 电缆，最大拉力不能超过 400 N，速度不宜超过 15 m/min。

任务三　Φ 40 PVC 线管墙面布线

【任务目的】

（1）掌握锯弓、弯头、三通、直接头等工具和基本材料的使用方法；

（2）熟练掌握 PVC 管布线材料的计算方法和安装技术。

【任务要求】

（1）计算和准备好实训所需的材料和工具；

（2）完成两个机柜之间的水平布线，要求路径合理、节约材料；

（3）水平布管平直、美观，接头合理；

（4）掌握锯弓、电动起子等工具的使用方法和技巧；

（5）掌握 PVC 管常用规格和允许穿线的数量要求。

【任务设备、材料和工具】

（1）网络综合布线实训装置；

（2）4-UTP 网络线约 10 m；

（3）Φ 40 PVC 管约 8 m；

（4）管卡、M6 螺栓、管接头、直角弯头等若干；

（5）锯弓、锯条、钢卷尺、十字头螺丝刀、电动起子等。

【任务步骤】

步骤 1：规划和设计布线路径，一般是从 1 个机柜到附近的另外 1 个机柜；

步骤 2：计算和准备实训材料和工具；

步骤 3：安装和布线。

（1）根据规划和设计好的布线路径准备好实训材料和工具，从货架上取 Φ40 PVC 管、直接头、管卡、M6 螺栓、锯弓等材料备用。

（2）根据设计的布线路径在墙面安装管卡，在第一个机柜到第二个机柜之间每隔 500～600 mm 安装 1 个管卡。管卡安装方法如图 7-7 所示。

（3）在拐弯处用 90 度弯头连接，安装 PVC 管。两根 PVC 管之间用直接头连接，三根管之间用三通连接。同时在 PVC 管内穿网线。两头机柜内必须预留网线 1.5 m。

步骤 4：分组实训，布线路径如下。

（1）第 1 组布线路径如图 7-13 所示。

A 机柜—C 机柜：高度约为 1.35 m，长度约为 8 m，4 个阳角，3 个阴角。

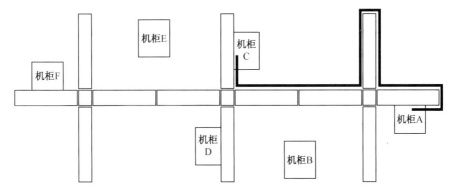

图 7-13　第 1 组布线路径

（2）第 2 组布线路径如图 7-14 所示。

C 机柜—F 机柜：高度约为 1.45 m，长度约为 8 m，4 个阳角，3 个阴角。

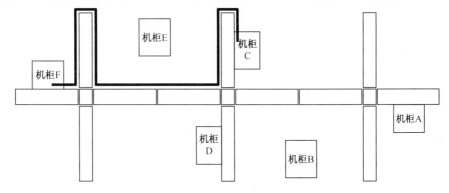

图 7-14　第 2 组布线路径

（3）第 3 组布线路径如图 7-15 所示。

F 机柜—D 机柜：高度约为 1.55 m，长度约为 8 m，4 个阳角，3 个阴角。

图 7-15　第 3 组布线路径

（4）第 4 组布线路径如图 7-16 所示。

D 机柜—A 机柜：高度约为 1.65 m，长度约为 8 m，4 个阳角，3 个阴角。

（5）第 5 组布线路径如图 7-17 所示。

A 机柜—C 机柜—F 机柜—D 机柜：这是以上 4 个实训的综合实训。

布线完成后的效果图如图 7-18 所示。

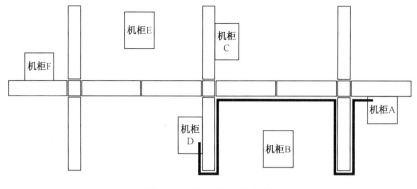

图 7-16 第 4 组布线路径

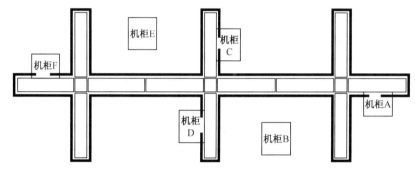

图 7-17 第 5 组布线路径

【任务报告】

（1）设计配线子系统布线路径图；

（2）计算出布线所需的材料和工具；

（3）写出网线允许的拉线力量和弯曲半径，以及对布线系统传输速率的影响；

（4）写出大直径线管穿线数量和要求；

（5）使用工具的体会和技巧。

【拓展知识】

1）网络传输介质的选择原则

网络传输介质的选择和介质访问控制方法有极其密切的关系。传输介质决定了网络的传输速率、网络段的最大

图 7-18 布线完成后的效果图

长度、传输可靠性（电磁干扰能力）、网络接口板的复杂程度等，对网络成本也有巨大影响。随着多媒体技术的广泛应用，宽带局域网络支持数据、图像和声音在同一传输介质中传输是今后局域网络的应用发展方向。

网络传输介质的选择，就是以双绞电缆、基带同轴电缆以及光缆根据性能价格比要求进行选择，以确定采用何种传输介质，使用何种介质访问方法更合适。

（1）双绞线。

双绞线的传输速率比较高，能支持各种不同类型的网络拓扑结构，控制干扰能力强，可靠

性高。双绞线有屏蔽与非屏蔽双绞线两种。目前，一般用户都喜欢选用 4 对线的双绞线。每对线在每厘米中互绞的次数不同，互绞可以消除来自相邻双绞线和外界电子设备的噪声。

使用双绞线作为基于数字信号的传输介质，成本较低，是一种廉价的选择。但双绞线受网段最大长度的限制，只能适应小范围的网络。

双绞线以太网有 10BASE-T 和 100BASE-T 等。100BASE-T 的主要内容如下：

① 一般双绞线的最大长度为 100 m；

② 双绞线的每端需要一个 RJ-45 接头；

③ 各段双绞线通过网络交换机或者集线器的中继器互连；

④ 中继器可以利用收发器电缆连到以太网上。

（2）光缆。

光缆利用全内反射光束传输编码信息。它的特点是频带宽、衰减小、传输速率高、传输距离远、不受外界电磁干扰，但价格高，而且用于光缆的端接器件价格也高，操作技术也比较复杂。由于近年来 Internet 的推广应用和千兆以太网、万兆以太网的应用，目前有许多工程采用光缆方案（FDDI），它能以较小的设备更新代价，迅速向千兆以太网、万兆以太网过渡。

上述各种材料，各有特点，从应用的发展趋势来看，小范围的局域网选择双绞线较好，大范围的选择光缆较好。

2）常用 PVC 线槽的规格和穿线数量表

线槽内线的填充率不应大于 60%。在线路连接、转角、分支集中等位置应该采用相应的附件，并保持线槽良好的封闭性。线槽垂直或倾斜敷设时，应采用线口固定线缆以防止线缆在槽内移动。垂直敷设时，其线缆固定间距不要大于 3 m。PVC 线槽内容纳线的数量如表 7-1 所示。

表 7-1　PVC 线槽内容纳线数量

规　格	容纳线数	富余量	规　格	容纳线数	富余量
20 mm×13mm	2 条双绞线	30%	80 mm×50 mm	50 条双绞线	30%
25 mm×13 mm	3 条双绞线	30%	100 mm×50 mm	60 条双绞线	30%
30 mm×17 mm	6 条双绞线	30%	100 mm×80 mm	80 条双绞线	30%
40 mm×25 mm	10 条双绞线	30%	120 mm×50 mm	90 条双绞线	30%
50 mm×27 mm	15 条双绞线	30%	120 mm×80 mm	100 条双绞线	30%
60 mm×30 mm	22 条双绞线	30%	200 mm×160 mm	200 条双绞线	30%

3）常用的 PVC 线管规格和穿线数量表

当线管布线的管路较长或有转弯时，应适当加装拉线盒，两个拉线点之间的距离应符合以下要求：

（1）对无弯管路，不超过 30 m；

（2）两个拉线点之间有一个弯时，不超过 20 m；

（3）两个拉线点之间有两个弯时，不超过 15 m；

（4）两个拉线点之间有三个弯时，不超过 8 m。

此外，线管在水平安装时应当保持横平竖直，根据实际场地选择最短路径，并保持安装牢固。线管与电源支路管应大于 130 mm，与电源主线管之间的距离大于 310 mm，对单根拉力不应超过 15 kg。避免在拉线过程中挫伤、打结、弯曲、缠绕紧密及进水。

PVC 线管内容纳线数量如表 7-2 所示。

表 7-2　PVC 线管内容纳线数量

规　　格	容　纳　线　数	富　余　量	规　　格	容　纳　线　数	富　余　量
15 mm	1～2 条双绞线	30%	50 mm	12～14 条双绞线	30%
20 mm	2～3 条双绞线	30%	65 mm	17～42 条双绞线	30%
25 mm	4～5 条双绞线	30%	80 mm	49～66 条双绞线	30%
32 mm	5～6 条双绞线	30%	100 mm	67～80 条双绞线	30%
40 mm	7～11 条双绞线	30%			

按照标准的 PVC 线管／线槽设计方法，应该根据水平线的外径来确定 PVC 线管／线槽的容量，即：

$$PVC\ 线管／线槽的横截面积＝水平线截面积之和×3$$

任务四　线槽布线安装实训

住宅楼、老式办公楼、厂房进行改造或者需要增加网络布线系统时，一般采取明装布线方式。常用的 PVC 线槽规格有：20 mm×12 mm、39 mm×19 mm、50 mm×25 mm、60 mm×30 mm、80 mm×50 mm 等，本任务主要做 PVC 线槽的安装实训。

【任务目的】

（1）熟练掌握配线子系统的设计；

（2）熟练掌握配线子系统的施工方法；

（3）通过核算、列表、领取材料和工具，训练规范施工的能力。

【任务要求】

（1）设计一种配线子系统的布线路径和方式，并绘制施工图；

（2）按照设计图，计算实训材料的规格和数量，掌握工程材料核算方法，列出材料清单；

（3）按照设计图，准备实训工具，列出实训工具清单，独立领取实训材料和工具；

（4）独立完成配线子系统线槽安装和布线方法，掌握 PVC 线槽、盖板、阴角、阳角、三通的安装方法和技巧。

【任务设备、材料和工具】

（1）网络综合布线实训装置 1 套；

（2）20 mm 或 40 mm PVC 线槽、盖板、阴角、阳角、三通若干；

（3）电动起子、十字头螺丝刀、M6×16 十字头螺钉；

（4）登高梯子、编号标签。

【任务步骤】

步骤 1：使用 PVC 线槽设计一种从信息点到楼层机柜的配线子系统，并且绘制施工图，如图 7-19 所示。

步骤 2：3～4 人成立一个项目组，选举项目负责人，每人设计一种配线子系统布线图，并且绘制图纸。

（1）项目负责人指定 1 种设计方案进行实训。

（2）按照设计图，计算实训材料规格和数量，掌握工程材料核算方法，列出材料清单。

（3）按照设计图需要，列出实训工具清单，领取实训材料和工具。

步骤 3：线槽布线。

（1）首先量好线槽的长度，再使用电动起子在线槽上开 8 mm 的小孔，孔的位置必须与实训装置安装孔对应，每段线槽至少开两个安装孔。

（2）用 M6×16 螺钉把线槽固定在实训装置上。拐弯处必须使用专用接头，例如阴角、阳角、弯头、三通等。

（3）在线槽布线，一边布线一边装盖板，如图 7-20 所示。

（4）布线和盖板后，必须做好线标，如图 7-21 所示。

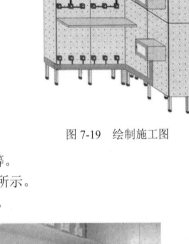

图 7-19　绘制施工图

图 7-20　布线和盖板

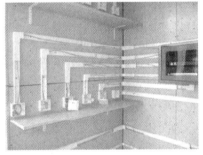

图 7-21　做好线标

【任务报告】

（1）设计一种全部使用线槽布线的配线子系统施工图；

（2）列出实训材料规格、型号、数量清单表；

（3）安装弯头、阴角、阳角、三通等线槽配件的方法和经验；

（4）配线子系统布线施工程序和要求；

（5）使用工具的体会和技巧。

任务五　宽 20 mm PVC 线槽的墙面布线

【任务目的】

（1）深入理解综合布线的基本原理和要求；

（2）熟练掌握锯弓、弯头、三通、直接头、阳角、阴角等工具和基本材料的使用方法；

（3）掌握布线材料的计算方法。

【任务要求】

（1）计算和准备好实训所需的材料和工具；

（2）完成两个机柜之间的水平布线，要求路径合理，节约材料；

（3）水平布线平直、美观，接头合理；

（4）在小线槽开孔、安装、布线、盖板的方法和技巧；

（5）掌握锯弓、螺丝刀、电动起子等工具的使用方法和技巧；

（6）掌握拉线力量和弯曲半径的要求。

【任务设备、材料和工具】

（1）网络综合布线实训装置；

（2）4-UTP 网络线约 10 m；

（3）宽 20 mm 的 PVC 线槽约 8 m；

（4）M6 螺栓、阴角、阳角、接头、弯头等若干；

（5）锯弓、锯条、钢卷尺、十字头螺丝刀、电动起子等。

【任务步骤】

步骤 1：规划和设计布线路径。一般是从 1 个机柜到附近的另外 1 个机柜。

步骤 2：计算和准备实训的材料和工具。

步骤 3：安装和布线。

（1）根据规划和设计好的布线路径准备好实训材料和工具，从货架上取下 PVC 线槽、直接头、阴角、阳角、M6 螺栓、锯弓等材料备用。

（2）根据设计的布线路径在与墙面对应的线槽上开直径 8 mm 的小孔，用 M6 螺栓在墙面安装线槽。固定螺栓间距为 500～600 mm。线槽安装方法如图 7-22 所示。

（3）在拐弯处用 90 度弯头连接，安装 PVC 线槽。

（4）在墙面阴角处用阴角将线槽连接。

（5）在墙面阳角处用阳角将线槽连接。

（6）在两根 PVC 线槽之间用直接头连接，也可以对接；如果采取对接方式连接，则盖板接头与线槽接头必须错开，对接处间隙必须小于 1 mm。

（7）3 根线槽之间用三通连接，或者用线槽直接连接。

（8）固定好全部线槽后，在槽内安装网线，同时盖好盖板。两头机柜内必须预留网线 1.5 m。水平系统布线局部图如图 7-23 所示。

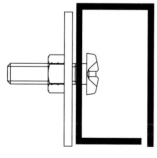

图 7-22　线槽安装

图 7-23　水平系统布线局部图

步骤 4: 分组实训, 布线路径如下。

(1) 第 1 组布线路径如图 7-24 所示。

A 机柜—C 机柜: 高度约为 1.35 m, 4 个阳角, 3 个阴角。

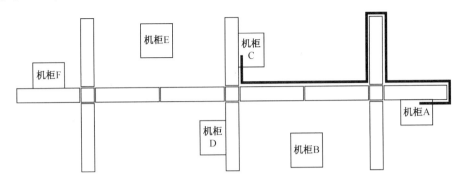

图 7-24 第 1 组布线路径

(2) 第 2 组布线路径如图 7-25 所示。

C 机柜—F 机柜: 高度约为 1.45 m, 4 个阳角, 3 个阴角。

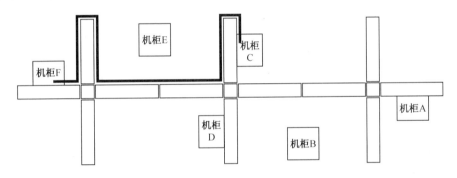

图 7-25 第 2 组布线路径

(3) 第 3 组布线路径如图 7-26 所示。

F 机柜—D 机柜: 高度约为 1.55 m, 4 个阳角, 3 个阴角。

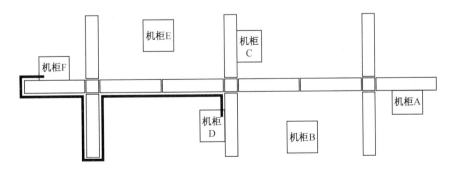

图 7-26 第 3 组布线路径

(4) 第 4 组布线路径如图 7-27 所示。

D 机柜—A 机柜：高度约为 1.65 m，4 个阳角，3 个阴角。

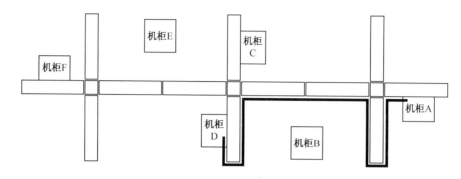

图 7-27　第 4 组布线路径

（5）第 5 组布线路径如图 7-28 所示。

A 机柜—C 机柜—F 机柜—D 机柜：这是以上 4 个实训的综合实训。

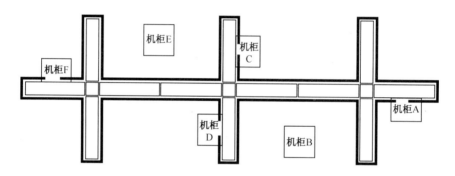

图 7-28　第 5 组布线路径

【任务报告】

（1）设计配线子系统布线路径图；

（2）计算出布线所需的材料和工具；

（3）写出网线允许的拉线力量和弯曲半径，以及对布线系统传输速率的影响；

（4）使用工具的体会和技巧。

【拓展知识】

水平布线子系统的一般设计涉及配线子系统的传输介质和部件集成，主要有以下几点：

（1）确定线路走向；

（2）确定线缆、槽、管的数量和类型；

（3）确定电缆的类型和长度；

（4）订购电缆和线槽；

（5）如果用吊杆走线槽，则需要用多少根吊杆；

（6）如果不用吊杆走线槽，则需要用多少根托架；

（7）语音点、数据点互换时，应考虑语音点的水平线缆同数据线缆的类型。

确定线路走向一般要由用户、设计人员、施工人员到现场根据建筑物的物理位置和施工难易度来确定。

　　信息插座的数量和类型、电缆的类型和长度一般在总体设计时便已确立，但考虑到产品质量和施工人员的误操作等因素，在订购时要留有余地。

　　确定电缆时，必须考虑：

　　（1）确定布线方法和电缆走向；

　　（2）确认到管理间的接线距离；

　　（3）留有端接误差。

　　数据电缆与电源电缆之间的隔离要求如下。

　　在水平布线通道内，关于电信电缆与分支电源电缆要说明以下几点：

　　（1）屏蔽的电源导体（电缆）与电信电缆并线时不需要分隔；

　　（2）可以用电源管道障碍（金属或非金属）来分隔电信电缆与电源电缆；

　　（3）对非屏蔽的电源电缆，最小的距离为 10 cm；

　　（4）在工作站的信息口或间隔点，电信电缆与电源电缆的距离最小应为 6 cm。

任务六　宽 40 mm PVC 线槽的墙面布线

【任务目的】

　　（1）深入理解综合布线的基本原理和要求；

　　（2）熟练掌握及锯弓、弯头、三通、直接头、阳角、阴角等工具和基本材料的使用方法；

　　（3）熟练掌握线槽布线材料的计算方法。

【任务要求】

　　（1）计算和准备好实训所需的材料和工具；

　　（2）完成两个机柜之间的水平布线，要求路径合理，节约材料；

　　（3）水平布线平直、美观，接头合理；

　　（4）在大线槽开孔、安装、布线、盖板的方法和技巧；

　　（5）掌握锯弓、螺丝刀、电动起子等工具的使用方法和技巧；

　　（6）掌握大线槽布线规格和允许布线的数量。

【任务设备、材料和工具】

　　（1）网络综合布线实训装置；

　　（2）4-UTP 网络线约 10 m；

　　（3）宽 40 mm 的 PVC 线槽约 8 m；

　　（4）M6 螺栓、阴角、阳角、接头、弯头等若干；

　　（5）锯弓、锯条、钢卷尺、十字头螺丝刀、电动起子等。

【任务步骤】

　　步骤 1：规划和设计布线路径。

　　步骤 2：计算和准备实训材料和工具。

　　步骤 3：安装和布线。

　　（1）根据规划和设计好的布线路径准备好实训材料和工具，从货架上取下 PVC 线槽、直接头、阴角、阳角、M6 螺栓、锯弓等材料备用。

（2）根据设计的布线路径在与墙面对应的线槽上开直径为 8 mm 的小孔，用 M6 螺栓在墙面安装线槽。固定螺栓间距为 500～600 mm。线槽安装方法如图 7-29 所示。

（3）在拐弯处用 90 度弯头连接，安装线槽。

（4）在墙面阴角处用阴角将线槽连接。

（5）在墙面阳角处用阳角将线槽连接。

（6）在两根 PVC 线槽之间用直接头连接，或者对接。如果采取对接方式连接，盖板接头与线槽接头必须错开，对接处间隙必须小于 1 mm。

（7）3 根线槽之间用三通连接，或者用线槽直接连接。

（8）固定好全部线槽后，在槽内安装网线，同时盖好盖板。两头机柜内必须预留网线 1.5 m。

（9）完成实训后的基本效果图如图 7-30 所示。

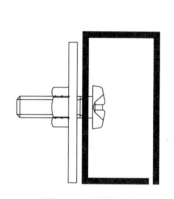 

图 7-29　线槽安装　　　　　　　　　　　图 7-30　完成实训的基本效果图

步骤 4：分组实训，布线路径如下。

（1）第 1 组布线路径如图 7-31 所示。

A 机柜—C 机柜：高度约为 1.35 m，4 个阳角，3 个阴角。

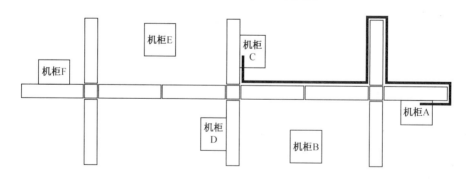

图 7-31　第 1 组布线路径

（2）第 2 组布线路径如图 7-32 所示。

C 机柜—F 机柜：高度约为 1.45 m，4 个阳角，3 个阴角。

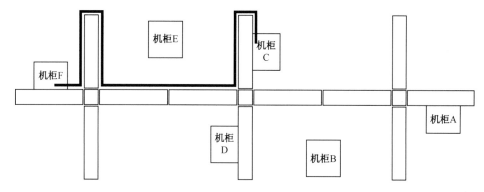

图 7-32　第 2 组布线路径

（3）第 3 组布线路径如图 7-33 所示。

F 机柜—D 机柜：高度约为 1.55 m，4 个阳角，3 个阴角。

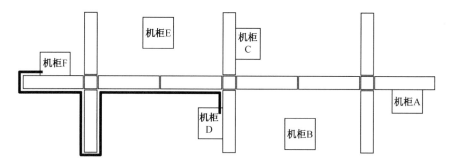

图 7-33　第 3 组布线路径

（4）第 4 组布线路径如图 7-34 所示。

D 机柜—A 机柜：高度约为 1.65 m，4 个阳角，3 个阴角。

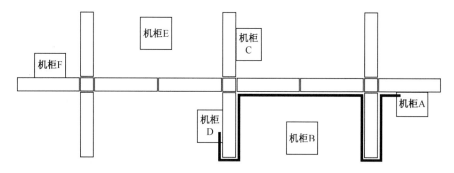

图 7-34　第 4 组布线路径

（5）第 5 组布线路径如图 7-35 所示。

A 机柜—C 机柜—F 机柜—D 机柜：这是以上 4 个实训的综合实训。

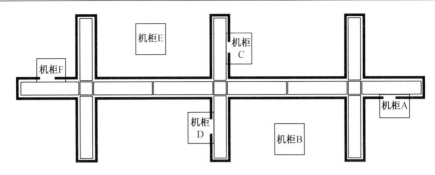

图 7-35　第 5 组布线路径

【任务报告】

（1）画出布线路径图；

（2）计算出布线所需的材料和工具；

（3）写出网线允许的拉线力量和弯曲半径，以及对布线系统传输速率的影响；

（4）写出大规格线槽穿线的数量和要求。

（5）使用工具的体会和技巧。

【拓展知识】

常用大线槽的规格和允许穿线的数量如表 7-3 所示。

表 7-3　常用大线槽的规格和允许穿线的数量

规　格	容 纳 线 数	富 余 量	规　格	容 纳 线 数	富 余 量
50 mm×27mm	15 条双绞线	30%	100 mm×80 mm	80 条双绞线	30%
60 mm×30 mm	22 条双绞线	30%	120 mm×50 mm	90 条双绞线	30%
80 mm×50 mm	50 条双绞线	30%	120 mm×80 mm	100 条双绞线	30%
100 mm×50 mm	60 条双绞线	30%	200 mm×160 mm	200 条双绞线	30%

在工程预算和实际施工中，一般采取以下 3 种公式计算电缆长度的用量，设计人员可用这 3 种算法之一来确定所需线缆的长度。

算法 1：

$$订货总量（总长度，单位为 m）=所需总长+所需总长×10\% + n×6$$

其中，所需总长指 n 条布线电缆所需的理论长度；所需总长×10%为备用部分；$n×6$ 为端接容差。

算法 2：

$$整幢楼的用线量=\sum NC$$

其中，N 为楼层数；C 为每层楼用线量。

每层楼用线量 C 的计算公式如下：

$$C=[0.55×(L+S)+6] × n$$

其中，L 为本楼层离水平间最远的信息点距离；S 为本楼层离水平间最近的信息点距离；n 为本楼层的信息插座总数；"0.55"为备用系数；"6"为端接误差。

算法 3：

$$总长度 = A + B/2 \times n \times 3.3 \times 1.2$$

其中，A 为最短信息点长；B 为最长信息点长度；n 为楼内需要安装的信息点数；"3.3"为将米（m）换成英尺（ft）的系数；"1.2"为余量参数（富余量）。

算法 4：

$$用线箱数 = 总长度/305 + 1$$

双绞线一般以箱为单位订购，每箱双绞线的长度为 305 m。

任务七　线管线槽支架固定布线

【任务目的】

（1）了解综合布线在吊顶上和隐蔽部位布线的原理和要求；

（2）熟练掌握锯弓、弯头、三通、直接头、阳角、阴角等工具和基本材料的使用方法；

（3）熟练掌握线槽布线材料的计算方法。

【任务要求】

（1）计算和准备好实训所需的材料和工具；

（2）完成两个机柜之间的水平布线，要求路径合理，节约材料；

（3）水平布线平直、美观，接头合理；

（4）掌握在墙面安装支架固定 PVC 线管／线管布线的方法和技巧；

（5）掌握在支架上安装线槽／线管的方法和技巧。

【任务设备、材料和工具】

（1）网络综合布线实训装置；

（2）4-UTP 网络线约 10 m；

（3）40 mm PVC 线槽或线管的长度约为 8 m；

（4）M6 螺栓、支架、接头、弯头等若干；

（5）锯弓、锯条、钢卷尺、十字头螺丝刀、电动起子、人字梯等。

【任务步骤】

步骤 1： 规划和设计布线路径。

步骤 2： 计算和准备实训材料和工具。

步骤 3： 安装和布线。

（1）根据规划和设计好的布线路径准备好实训材料和工具，从货架上取下三角支架、宽 40 mm PVC 线槽、线管、直接头、阴角、阳角、M6 螺栓、螺母、锯弓等材料备用。

（2）根据设计的布线路径在墙面安装三角支架，间距为 600 mm，每个支架用两个 M6 螺栓固定在墙面，调整好方向。安装方法如图 7-36 所示。

（3）根据支架安装位置，在对应的线槽上开直径为 8 mm 的小孔，用 M6 螺栓和螺母把线槽固定在支架

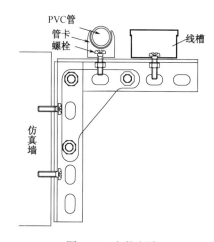

图 7-36　安装方法

上。对于线管，用 M6 螺栓和螺母把管卡固定在每个支架上，将线管压入管卡固定。

（4）在拐弯处用 90 度弯头连接。

（5）在两根 PVC 线槽／线管之间用直接头连接。

（6）三根线槽／管之间用三通连接，或者用线槽直接连接。

（7）固定好全部线槽后，在槽内安装网线，同时盖好盖板。两头机柜内必须预留网线1.5 m。

（8）线槽和线管单独安装在三角支架上，也可以组合安装在同一个支架上。

步骤 4：分组实训，布线路径如下。

（1）第 1 组布线路径如图 7-37 所示。

A 机柜—C 机柜：高度约为 1.8 m，4 个阳角，3 个阴角。

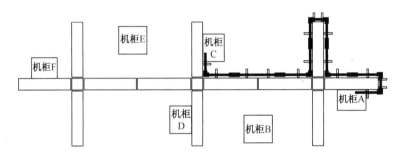

图 7-37　支架固定 PVC 线槽／线管布线路径 1

（2）第 2 组布线路径如图 7-38 所示。

C 机柜—F 机柜：高度约为 1.9 m，4 个阳角，3 个阴角。

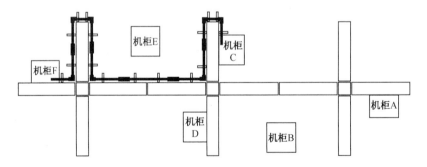

图 7-38　支架固定 PVC 线槽／线管布线路径 2

（3）第 3 组布线路径如图 7-39 所示。

F 机柜—D 机柜：高度约为 2.0 m，4 个阳角，3 个阴角。

（4）第 4 组布线路径如图 7-40 所示。

D 机柜—A 机柜：高度约为 2.1 m，4 个阳角，3 个阴角。

（5）第 5 组布线路径如图 7-41 所示。

A 机柜—C 机柜—F 机柜—D 机柜：这是以上 4 个实训的组合实训。

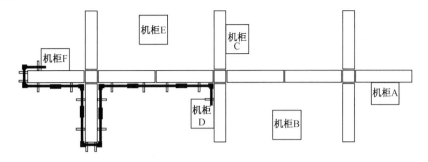

图 7-39　支架固定 PVC 线槽 / 线管布线路径 3

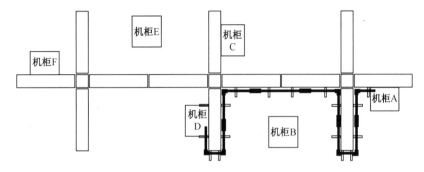

图 7-40　支架固定 PVC 线槽 / 线管布线路径 4

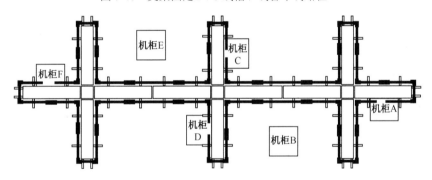

图 7-41　支架固定 PVC 线槽 / 线管布线路径 4

【任务报告】

（1）画出布线路径图；

（2）统计出布线实际需要的材料和工具；

（3）使用工具的体会和技巧。

任务八　水平桥架布线

【任务目的】

（1）了解综合布线主干线系统在吊顶上和隐蔽部位布线的原理和要求；

（2）熟练掌握桥架、吊杆、弯头、三通、直接头、电锤等工具和基本材料的使用方法；

（3）掌握桥架布线材料的计算方法。

【任务要求】

（1）完成在楼板安装吊杆和桥架的实训；

（2）完成在墙面安装支架和桥架的实训；

（3）掌握在金属桥架的安装方法和技巧；

（4）掌握桥架布线需要材料的计算方法。

【任务设备、材料和工具】

（1）网络综合布线实训装置；

（2）金属桥架约20 m；

（3）M6螺栓、支架、吊杆、接头等；

（4）锯弓、锯条、钢卷尺、十字头螺丝刀、电动起子、人字梯等；

（5）水平桥架布线参考图如图7-42所示。

图7-42　水平桥架布线参考图

【任务步骤】

步骤1： 规划和设计布线路径。

步骤2： 计算和准备实训材料和工具。

步骤3： 安装和布线。

（1）根据规划和设计好的布线路径准备好实训材料和工具，从货架上取下吊杆、膨胀螺栓、桥架、弯头、三通接头、螺栓等材料备用。

（2）在楼板安装桥架时，首先在楼板上画线确定吊杆安装的位置和间距，使用电锤打孔。直径8 mm的膨胀螺栓使用10 mm钻头打孔，深度根据膨胀螺栓长度确定，以将膨胀管全部埋入楼板为合适深度。常用规格有8 mm×50 mm、8 mm×80 mm和8 mm×100 mm等。

（3）根据桥架安装高度确定吊杆长度后，安装好吊杆，并且用扳手将螺母拧紧，使膨胀螺栓固定结实。在下部安装桥架挂片，统一调整好高度后，安装桥架。

（4）由于桥架安装较高，一般需要2～3人合作完成，必须注意高空安全作业。使用电锤时，必须安装防尘碗，防止灰/沙损坏电锤。

【任务报告】

（1）设计桥架布线路径并绘图，计算所需的材料；

（2）写出膨胀螺栓的安装方法；

（3）写出电锤使用注意事项。

【知识拓展】

打吊杆走线槽时，一般是1～1.5 m安装一个托架，托架的需求量应根据水平干线的实际长度计算。

托架应根据线槽走向的实际情况来选定。一般有2种情况：

（1）水平线槽不贴墙，则需要定购托架；

（2）水平线贴墙走，则可购买角钢制成的三角托架。

任务九　桥架布线安装实训

学生公寓、办公楼等信息点比较集中的地方，在楼道一般采取桥架布线的方式。一般桥架多使用金属桥架，常用的金属桥架的规格有：80 mm×50 mm、100 mm×50 mm、100 mm×80 mm、150 mm×75 mm、200 mm×100 mm 等。

【任务目的】

（1）掌握桥架在配线子系统中的应用；

（2）掌握支架、桥架、弯头、三通等的安装方法；

（3）通过核算、列表、领取材料和工具，训练规范施工的能力。

【任务要求】

（1）设计一种桥架布线路径和方式，并绘制施工图；

（2）按照施工图，核算实训材料的规格和数量，列出材料清单；

（3）准备实训工具，列出实训工具清单，独立领取实训材料和工具；

（4）独立完成桥架的安装和布线。

【任务设备、材料和工具】

（1）网络综合布线实训装置 1 套；

（2）宽度 100 mm 的金属桥架、弯头、三通、三角支架、固定螺钉、网线若干；

（3）电动起子、十字头螺丝刀、M6×16 十字头螺钉、登高梯子、卷尺。

【任务步骤】

步骤 1：设计一种桥架布线路径，并且绘制施工图，如图 7-43 所示。

步骤 2：3～4 人成立一个项目组，选择一名项目负责人，项目负责人指定 1 种设计方案进行实训。

（1）按照设计图，核算实训材料规格和数量，掌握工程材料核算方法，列出材料清单。

（2）按照设计图需要，列出实训工具清单，领取实训工具和材料。

步骤 3：固定支架安装。

（1）桥架部件组装和安装。用 M6×16 螺钉把桥架固定在支架上，如图 7-44 所示。

（2）在桥架内布线，边布线边装盖板，如图 7-45 所示。

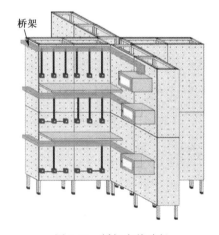

图 7-43　桥架布线路径

图 7-44　桥架部件组装和安装

图 7-45　桥架内布线

【任务报告】

（1）设计一种全部使用桥架布线的配线子系统施工图；

（2）列出实训材料、工具规格、型号、数量清单表；

（3）安装支架、桥架、弯头、三通等线槽配件的方法和经验。

第8章 干线子系统布线

8.1 干线子系统布线概述

干线子系统一般在大楼的弱电井内（建筑上一般把方孔称为井，圆孔称为孔），位于大楼的中部，它将每层楼的通信间与本大楼的设备间连接起来，构成综合布线结构的最高层——星形拓扑结构。星节点位于各楼层配线间，中心节点位于设备间。干线子系统也称干线子系统、主干子系统、骨干电缆系统。

干线子系统负责把大楼中心的控制信息传递到各楼层，同时会聚各楼层信息到控制中心，一般还包括外界的信号接入与传出。

干线子系统常见的有下列几种拓扑结构：

（1）星形拓扑结构：主配线架为中心节点，各楼层配线架为星节点，每条链路从中心节点到星节点都与其他链路相对独立。这种结构可以集中控制访问策略，目前最常见。其优点有维护管理容易，重新配置灵活，故障隔离和检察容易；缺点有施工量大，完全依赖中心节点。

（2）总线拓扑结构：所有楼层配线架都通过硬件接口连接到一个公共干线（总线）上，如消防报警系统。它仅仅是一个无源的传输介质，楼层配线间内的设备负责处理地址识别和进行信息处理。这种结构布线量少，扩充方便；但故障诊断与隔离困难。

8.2 干线子系统布线的设计规范

干线子系统的布线要求：

（1）干线子系统所需的电缆总对数和光纤总芯数，应满足工程的实际需求，并留有适当的备份容量。主干线缆宜设置电缆与光缆，并互相作为备份路由。

（2）干线子系统主干线缆应选择较短的安全路由。主干电缆宜采用点对点终接，也可采用分支递减终接。

（3）如果电话交换机和计算机主机设置在建筑物内不同的设备间，宜采用不同的主干线缆分别满足语音和数据的需要。

（4）在同一层若干电信间之间宜设置干线路由。

（5）主干电缆和光缆所需的容量要求及配置要符合以下规定：

① 对语音业务，大多数主干电缆的对数应按每个电话 8 位模块通用插座配置 1 对线，并在总需求线对的基础上至少预留约 10%的备用线对。

② 对于数据业务应以集线器（Hub）或交换机（SW）群（按 4 个 Hub 或 SW 组成 1 群）。或以每个 Hub 或 SW 设备设置 1 个主干端口配置。每群网络设备或每 4 个网络设备宜

考虑 1 个备份端口。主干端口为电端 ICl 时，应按 4 对线容量。为光端口时，则按 2 芯光纤容量配置。

③ 当工作区至电信间的水平光缆延伸至设备间的光配线设备（BD/CD）时，主干光缆的容量应包括所延伸的水平光缆光纤的容量。

8.3　干线子系统布线要注意的问题

干线子系统布线设计要注意的问题：

（1）在确定干干线子系统所需的电缆总对数之前，必须确定电缆中话音和数据信号的共享原则。

（2）对于话音，干线子系统和水平配线（馈线/配线）的推荐比例为 1:2。对于数据，推荐比例为 1:1。对于干线子系统电缆（话音和数据系统），为将来扩容考虑，通常应有 20% 的余量。

（3）确定每层楼的干线子系统电缆要求，根据不同的需要和性价比选择干线电缆类别。要注意不同线缆的长度限制：双绞线，<100 m；1000Base-SX 多模短波，<550 m；100Base-SX，<2 km；1000Base-LX 单模光纤，<3 km。

（4）应选择干线子系统电缆最短、最安全和最经济的路由。宜选择带盖的封闭通道敷设干线子系统电缆。

（5）干线子系统电缆可采用点对点端接，也可采用分支递减端接以及电缆直接连接的方法，当然也可混合端接。

点对点接合是最简单、最直接的接合方法，但是由于干线子系统中的各根电缆长度不同，粗细不同，因而设计难度大。其优点是在干线子系统中可采用较小、较轻、较灵活的电缆，不必使用昂贵的接线盒，故障范围可控；其缺点是干线子系统电缆数目较多。

分支接合方法是由干线子系统电缆中一根很大的主馈电缆，经过绞线盒分出若干根小电缆，分别接到邻近楼层的配线间。其优点是干线子系统中的主馈电缆数目较少，可节省时间，其成本低于点对点接合方式。

（6）如果设备间与计算机机房处于不同的地点，而且需要把话音电缆连接至设备间，把数据电缆连接至计算机机房，则宜在设计中选择干线子系统电缆的不同部分来分别满足话音和数据的需要。

（7）注意防火、阻燃、强绝缘、防屏蔽、防鼠咬，合理接地，加强防护强度，紧固防振。根据我国国情和标准规范要求，一般常采用通用型电缆，外加金属线槽敷设；特殊场合可采用增强型电缆敷设。

（8）尽量选购单一规格的大对数电缆，一方面可以批量采购，另一方面可以减少浪费。

（9）干线子系统电缆的长度可用比例尺在图纸上实际量得，也可用等差数列计算。每段干线子系统电缆长度要有备用部分（约 10%）和端接容限（可变）的考虑。相对于水平子系统来说，毕竟干线子系统电缆的数量较少，一般根据大楼的楼层高度进行计算会更准确些。

8.4　干线子系统的布线方法

大型建筑中都有开放型的弱电井和弱电间。选择干线子系统电缆路由的原则应是最短、最安全、最经济。垂直干线通道有两种方法可供选择：电缆孔法和电缆井法。水平干线有管道法和托架法两种。

（1）电缆孔法：垂直固定在墙上的一根或一排大口径圆管，大多是直径 10 cm 以上的钢管，垂直电缆走线其中，常见于楼层配线间上下对齐时的情形。

（2）电缆井法：使用弱电井，它与强电井一样是高层建筑中必备的，是一个每层有小门的独立小房间。房内楼板上的方孔从低层到顶层对直，将垂直电缆走线于其中，并捆扎于钢绳上，固定在墙上。也可以放置垂直桥架，将线缆走线于桥架内。

（3）管道法：楼层水平方向上预埋金属管道或设置开放式管道，对水平干线提供密封、机械保护、防火等功能。这种布线方法不太灵活，造价也高，常见于大型厂房、机场或宽阔的平面型建筑物。干线电缆穿入金属管道的填充率一般为 30%～50%。

（4）托架法：也叫托盘、水平桥架，可以是梯子型金属架或密封有盖的方槽。常安装于吊顶内、天花板上，适用于线缆数量较大、变动较多的情形。该方法安装维护方便，但托架和支撑件较贵，占空大，防火难，不美观。

8.5　干线子系统布线实训

通过在墙面安装大规格宽 40 mm PVC 线槽、Φ40 PVC 管、钢缆等干线子系统的实训，了解干线子系统布线的基本原理和要求，以及常用工具和基本材料的使用方法。熟练掌握干线子系统的设计和布线、施工原则。

任务一　干线子系统线管布线

【任务目的】

（1）了解干线子系统布线的基本原理和要求；

（2）初步掌握干线子系统布线的设计和施工原则。

【任务要求】

（1）计算和准备好实训所需的材料和工具；

（2）完成竖井内模拟布线实训，合理设计和施工布线系统，路径合理；

（3）垂直布线平直、美观，接头合理；

（4）掌握干线子系统线槽／线管的接头和三通连接以及大线槽开孔、安装、布线、盖板的方法和技巧；

（5）掌握锯弓、螺丝刀、电动起子等工具的使用方法和技巧；

（6）掌握大线槽布线规格和允许布线数量。

【任务设备、材料和工具】

（1）网络综合布线实训装置；

（2）Φ40 PVC 管、管卡、接头、弯头若干；

（3）锯弓、锯条、钢卷尺、十字头螺丝刀、电动起子、人字梯等。

【任务步骤】

步骤 1：规划和设计布线路径，确定在建筑物竖井内的安装位置；

步骤 2：计算和准备实训材料和工具。

步骤 3：安装和布线。

（1）根据规划和设计好的布线路径准备好实训材料和工具，从货架上取下宽 40 mm PVC 线槽、直接头、三通、管卡、M6 螺栓、锯弓等材料和工具备用。

（2）根据设计的布线路径在墙面安装管卡，在垂直方向每隔 500～600 mm 安装 1 个管卡。管卡安装方法如图 8-1 所示。

（3）在拐弯处用 90 度弯头连接，安装 Φ40 PVC 管。两根 PVC 管之间用直接头连接，3 根管之间用三通连接。同时在 PVC 管内穿 4-UTP 网线。机柜内必须预留网线 1.5 m。

步骤 4：分组实训，布线路径如图 8-2 和图 8-3 所示。

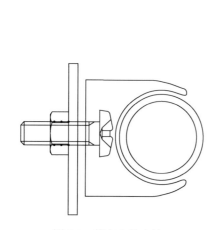

图 8-1 管卡安装方法

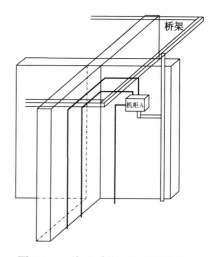

图 8-2 干线子系统小组布线路径

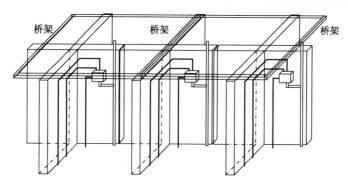

图 8-3 垂直布线系统分组布线路径

　　实训装置有长为 1.2 m，宽为 1.2 m 的角共 12 个，可以模拟 12 个建筑物竖井进行干线子系统布线实训。12 个小组可以同时进行实训。

【任务报告】

（1）画出干线子系统 PVC 管布线路径图；

（2）计算出布线所需的弯头、接头等材料和工具；

（3）写出大规格 PVC 管穿线数量和要求；

（4）使用工具的体会和技巧。

【拓展知识】

1）垂直干线子系统设计的基本概念和要求

　　干线子系统的任务是通过建筑物内部的传输电缆，把各个楼层接线间的信号传送到设备间，再传送到最终接口，最后通往外部网络。它必须满足当前需要，又要适应今后发展。一般包括：

（1）供各条干线接线间之间的电缆走线用的竖向通道；

（2）主设备间与计算机中心间的电缆。

2）干线子系统的一般设计要求

（1）确定每层楼的干线要求；

（2）确定整座楼的干线要求；

（3）确定从楼层到设备间的干线电缆路由；

（4）确定干线接线间的接合方法；

（5）选定干线电缆的长度；

（6）确定敷设附加横向电缆时的支撑结构。

任务二　干线子系统线槽布线

【任务目的】

（1）了解干线子系统布线的基本原理和要求；

（2）掌握干线子系统布线的常用工具和基本材料的使用方法；

（3）熟练掌握干线子系统的设计、布线和施工原则。

【任务要求】

（1）计算和准备好实训所需的材料和工具；

（2）完成竖井内模拟布线实训，合理设计和施工布线系统，路径合理；

（3）垂直布线平直、美观，接头合理；

（4）掌握干线子系统线槽／线管的接头和三通连接以及大线槽开孔、安装、布线、盖板的方法和技巧；

（5）掌握锯弓、螺丝刀、电动起子等工具的使用方法和技巧；

（6）掌握大线槽布线的规格和允许布线的数量。

【任务设备、材料和工具】

（1）网络综合布线实训装置；

（2）宽 40 mm PVC 线槽、接头、弯头等；

（3）锯弓、锯条、钢卷尺、十字头螺丝刀、电动起子、人字梯等。

【任务步骤】

步骤 1： 规划和设计布线路径，确定在建筑物竖井内的安装位置。

步骤 2： 计算并准备实训材料和工具。

步骤 3： 安装和布线。

（1）根据规划和设计好的布线路径准备好实训材料和工具，从货架上取下 PVC 线槽、直接头、三通、M6 螺栓、锯弓等材料和工具备用。

（2）根据设计的布线路径在墙面的垂直方向上每隔 500～600 mm 安装 1 个螺钉。

（3）在拐弯处用 90 度弯头连接，安装 PVC 线槽。两根 PVC 线槽之间直接连接，三根线槽之间用三通连接。同时，在槽内安装 4-UTP 网线。机柜内必须预留网线 1.5 m。

（4）安装线槽前，根据需要在线槽上开直径为 8 mm 的孔，用 M6 螺栓固定使用。每个小组实训的布线路径如图 8-4 所示。

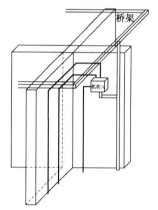

图 8-4　每个小组实训布线路径

（5）分组实训：实训装置有长为 1.2 m，宽为 1.2 m 的角共 12 个，可以模拟 12 个建筑物竖井进行干线子系统布线实训。12 个小组可以同时进行实训，如图 8-5 所示。

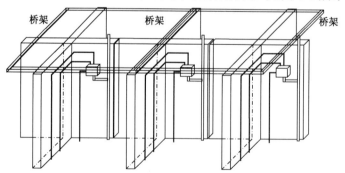

图 8-5　分组同时实训布线路径

【任务报告】

（1）画出干线子系统 PVC 线槽布线的路径图；

（2）计算出布线所需的弯头、接头等材料和工具；

（3）写出大规格 PVC 线槽的穿线数量和要求；

（4）使用工具的体会和技巧。

【拓展知识】

双绞线敷设要求包括：

（1）双绞线敷设时线要平直，走线槽或者线管，不要扭曲、缠绕；

（2）双绞线的两端要标号；

（3）双绞线的室外部分要穿管保护，严禁搭接在树干上；

（4）双绞线不要拐硬弯。

任务三　线槽／线管综合布线

【任务目的】

（1）熟练掌握干线子系统的设计；

（2）熟练掌握干线子系统的施工方法；

（3）通过核算、列表、领取材料和工具，训练规范施工的能力。

【任务要求】

（1）计算和准备好实训所需的材料和工具；

（2）完成竖井内模拟布线实训，合理设计和施工布线系统，路径合理；

（3）垂直布线平直、美观，接头合理；

（4）掌握干线子系统线槽／线管的接头和三通连接以及大线槽开孔、安装、布线、盖板的方法和技巧；

（5）掌握锯弓、螺丝刀、电动起子等工具的使用方法和技巧。

【任务设备、材料和工具】

（1）网络综合布线实训装置 1 套；

（2）PVC 塑料管、管接头、管卡若干；

（3）宽 40 mm PVC 线槽、接头、弯头等；

（4）锯弓、锯条、钢卷尺、十字头螺丝刀、电动起子、人字梯等。

【任务步骤】

步骤 1：设计一种使用 PVC 线槽／线管从设备间机柜到楼层管理间机柜的干线子系统，布线路径是从设备间 1 台网络配线机柜到 1、2、3 楼 3 个管理间机柜之间的布线施工，如图 8-6 所示。

主要包括以下施工内容：

（1）PVC 线管或者线槽沿墙面垂直安装；

（2）干线子系统与楼层机柜之间的连接，包括侧面进线、下部进线、上部进线等方式；

（3）干线子系统与管理间配线机柜之间的连接，包括底部进线、上部进线等方式。

步骤 2：按照设计图，核算实训材料规格和数量，掌握工程材料核算方法，列出材料清单。

步骤 3：按照设计图需要，列出实训工具清单，领取实训材料和工具。

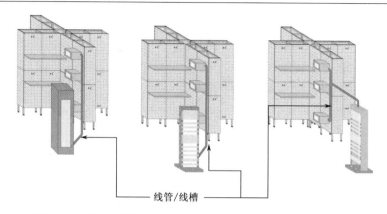

线管/线槽

图 8-6　干线子系统布线

步骤 4：安装 PVC 线槽／线管，如图 8-7 所示。

明装布线实训时，边布管边穿线。

【任务报告】

（1）画出干线子系统 PVC 线槽／线管的布线路径图；

（2）计算出布线所需的弯头、接头等材料和工具。

任务四　钢缆扎线实训

图 8-7　安装 PVC 线槽／线管

【任务目的】

（1）深入理解干线子系统的基本原理和要求；

（2）熟练掌握干线子系统布线常用工具和基本材料的使用方法；

（3）熟练掌握干线子系统的设计、布线和施工原则。

【任务要求】

（1）计算和准备好实训所需的材料和工具；

（2）完成竖井内钢缆扎线实训，合理设计和施工布线系统，路径合理；

（3）垂直布线平直、美观，扎线整齐合理；

（4）掌握干线子系统支架、钢缆和扎线的方法和技巧；

（5）掌握活扳手、U 形卡、线扎等工具和材料的使用方法和技巧；

（6）掌握扎线的间距要求。

【任务设备、材料和工具】

（1）网络综合布线实训装置；

（2）直径 5 mm 钢缆、U 形卡、支架若干；

（3）锯弓、锯条、钢卷尺、十字头螺丝刀、活扳手、人字梯等。

【任务步骤】

步骤 1：规划和设计布线路径，确定在建筑物竖井内安装支架和钢缆的位置和数量，如图 8-8 所示。

步骤 2：计算和准备实训材料和工具。

步骤 3：安装和布线。

（1）根据规划和设计好的布线路径准备好实训材料和工具，从货架上取下支架、钢缆、U 形卡、活扳手、线扎、M6 螺栓、锯弓等材料和工具备用。

（2）根据设计的布线路径在墙面安装支架，在水平方向每隔 500～600 mm 安装 1 个支架，在垂直方向每隔 1 000 mm 安装 1 个支架。支架安装方法如图 8-9 所示。

（3）支架安装好以后，根据需要的长度用钢锯裁好合适长度的钢缆，必须预留两端绑扎长度。用 U 形卡将钢缆按照图 8-9 所示固定在支架上。

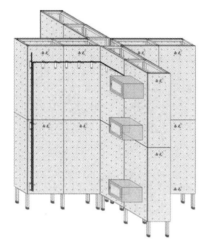

图 8-8　规划和设计布线路径

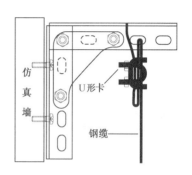

图 8-9　支架安装方法

（4）用线扎将线缆绑扎在钢缆上，间距为 500 mm 左右。在垂直方向均匀分布线缆的重量。绑扎时不能太紧，以免破坏网线的绞绕节距。也不能太松，避免线缆的重量将线缆拉伸。

步骤 4：分组实训，实训路径如图 8-10 和图 8-11 所示。

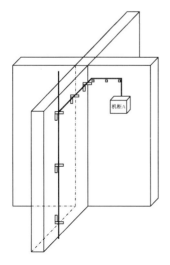

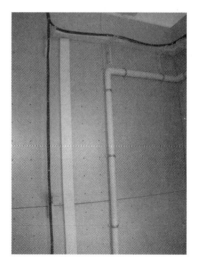

图 8-10　钢缆扎线布线单个小组实训路径

实训装置有长为 1.2 m、宽为 1.2 m 的角共 12 个，可以模拟 12 个建筑物竖井进行干线子系统布线实训。12 个小组可以同时进行实训。

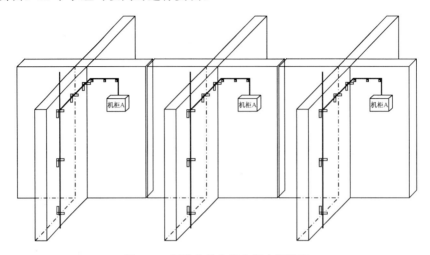

图 8-11   钢缆扎线布线分组实训路径

【任务报告】

（1）写出钢缆绑扎线缆的基本要求和注意事项。

（2）计算出所需的 U 形卡、支架等材料和工具。

【拓展知识】

电缆井（孔）布线方法：电缆井方法常用于垂直干线子系统通道，也就是常说的竖井。电缆井是指在每层楼板上开出一些方孔，使电缆可以穿过这些电缆井，并从某层楼伸到相邻的楼层，如图 8-12 所示。电缆井的大小依所用电缆的数量而定。与电缆孔方法一样，电缆也是捆在或箍在支撑用的钢绳上的，钢绳靠墙上的支架或地板三脚架固定住。离电缆井很近的墙上立式金属架可以支撑很多电缆。电缆孔的选择非常灵活，可以让粗细不同的各种电缆以任何组合方式通过。

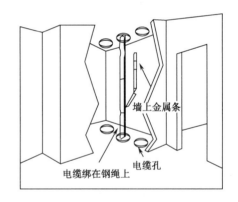

图 8-12   电缆井（孔）布线方法

第9章　设备间子系统布线

9.1　设备间子系统概述

设备间是指在每一幢大楼的适当地点设置进线设备，进行网络管理以及管理人员值班的场所。设备间子系统由综合布线系统的建筑物进线设备、电话、数据、计算机等各种主机设备及其保安配线设备等组成。设备间内的所有进线终端设备均采用色标，以区别各类用途的配线区。设备间的位置和大小应根据设备的数量、规模、最佳网络中心等内容综合考虑确定。

设备间一般位于建筑物中间偏下的楼层。

1. 设备间子系统设计标准

（1）《数据中心设计规范》（GB 50174—2017）；

（2）《计算机场地通用规范》（GB/T 2887—2011）；

（3）《工业企业程控用户交换机工程设计规范》（CECS 09:89）。

2. 设备间子系统的设计原则

确定设备间位置一般应遵守下列条款：

（1）尽量建在建筑物平面及其综合布线系统干线综合体的中间位置；

（2）尽量靠近服务电梯，以便装运笨重设备；

（3）尽量避免设在建筑物的高层或地下室以及用水设备的下层；

（4）尽量远离强振动源和强噪声源；

（5）尽量避开强电磁场的干扰源；

（6）尽量远离有害气体源以及存放腐蚀、易燃、易爆物的场所；

（7）尽量靠近弱电井，以减少线缆浪费。

设备间子系统的硬件大致与管理子系统的硬件相同，基本上由光纤、铜线电缆、跳线架、引线架和跳线构成；只不过其规模比管理子系统大得多。设备间要增加防雷、防过压和防过流的保护设备。这些防护设备是同电信局进户线、程控交换机主机和计算机主机配合设计安装的，有时需要综合布线系统配合设计。

设备间的所有进线终端设备宜采用色标表示：绿色表示网络接口的进线侧，即电话局线路；紫色表示网络接口的设备侧，即中继/辅助场总机中继线；黄色表示交换机的用户引出线；白色表示干线电缆和建筑群电缆；蓝色表示设备间至工作站或用户终端的线路；橙色表示来自多路复用器的线路。

设备间根据规模和功能需要，可以划分在多个独立房间。

3. 设备间面积测算要注意的事项

（1）根据设备间的数量、规模、最佳网络中心等因素来综合考虑设备间的位置和大小。

（2）中间应留出一定的空间，以便容纳未来的交连硬件。

（3）有充裕的管理维护空间，甚至包括维修用房、值班休息用房。

（4）门的宽度最小 90 cm，高度大于 2.1 m 或与其他门一致。

（5）楼板荷重依设备而定，其中 A 级应大于等于 500 kg/m²，B 级应大于等于 300 kg/m²。若不足，应加固。

（6）实用面积一般不小于 20 m²，可按以下公式估算：

$$S = (5 \sim 7) \Sigma 每设备占地面积$$

或

$$S = (4.5 \sim 5.5 \ m^2) \times 设备总数$$

9.2　设备间子系统布线的设计规范

设备间是在每一幢大楼的适当地点设置计算机网络设备、电信设备，以及建筑物配线设备，并对网络进行管理的场所。设备间主要安装建筑物配线设备（BD）。

设备间子系统的设计要求包括：

（1）设备间的位置及大小应综合考虑设备的数量、规模和最佳网络中心等因素。

（2）设备间要位于垂直线子系统的中间位置，并考虑主干线缆的传输距离与数量。

（3）设备间要尽可能靠近建筑物线缆竖井位置，有利于主干线缆的引入。

（4）设备间内安装的 BD 配线设备干线侧容量应与主干线缆的容量一致。设备侧的容量应与设备端口容量一致或与干线侧配线设备容量一致。

（5）设备间内的所有总配线设备应采用色标来区别各类配线区的用途。

（6）设备间梁下净高应高于 2.5 m，采用外开双扇门，门宽不应小于 1.5 m。

（7）设备间子系统应是开放式星形拓扑结构，能满足语音、数据、图文、图像等多媒体业务的需求。

9.3　设备间子系统设备的安装要求

1）机柜设计和安装的原则

机柜内安装标准 U 设备的数量和容量，应该考虑设备的散热量，每个设备间应该留 1～3 U 的空间，利于散热、接线和检修。

机柜在机房的布置必须考虑远离配电箱，四周保证有 1 m 的通道和检修空间。

2）立式机柜的安装方法

确定机柜位置后，实际测量其尺寸，并将机柜就位。然后将机柜底部的定位螺栓向下旋转，将 4 个轱辘悬空，保证机柜不能转动。

接入电源，连接机柜内风扇。

3）壁挂式机柜的安装方法

壁挂式机柜一般安装在墙面上，必须避开电源线路，高度在 2.5 m 以上。安装前，现场用纸板比对机柜上的安装孔，做一个样板，按照样板孔的位置在墙面开孔，安装 10～12 mm 膨胀螺栓 4 个，然后将机柜安装在墙面，引入电源。

9.4　设备间子系统布线实训

设备间一般设在建筑物中部或在建筑物的 1、2 层，避免设在顶层或地下室。设备间内主要安装了计算机、计算机网络设备、电话程控交换机、建筑物自动化控制设备等硬件设备。

任务一　机柜安装实训

【任务目的】

（1）熟悉常用机柜的规格和性能；

（2）熟悉和掌握楼层设备间常用机柜、线架等各种标准机柜在设备间的布置和安装；

（3）熟悉和掌握设备间机柜内 RJ-45 配线架、110 型通信跳线架、理线环安装；

（4）熟悉和掌握设备间机柜内进线—配线—跳线—理线等操作。

【任务要求】

（1）完成立式机柜的定位、地脚螺丝调整、门板的拆卸和重新安装；

（2）完成壁挂式机柜的定位、墙面固定安装；

（3）了解机柜的布置原则和安装方法及使用要求；

（4）通过机柜的安装，掌握机柜门板的拆卸和重新安装。

【任务设备、材料和工具】

（1）网络综合布线实训装置；

（2）42U 立式机柜 2 个，壁挂式 6U 机柜 4 个；

（3）十字头螺丝刀、M6 螺栓等。

【任务步骤】

步骤 1：准备实训工具，列出实训工具清单。

步骤 2：领取实训材料和工具。

步骤 3：确定立式机柜安装位置。

步骤 4：分组，设计安装图。2～3 人组成一个项目组，选举项目负责人，每组设计一种设备安装图，并且绘制图纸。项目负责人指定 1 种设计方案进行实训，如图 9-1 所示。

步骤 5：实际测量尺寸。

步骤 6：准备好需要安装的设备——42U 立式网络机柜，将机柜就位，然后将机柜底部的定位螺栓向下旋转，将 4 个轱辘悬空，保证机柜不能转动，如图 9-2 所示。

安装完毕后，学习机柜门板的拆卸和重新安装。

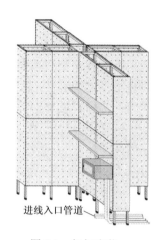

进线入口管道

图 9-1　机柜安装　　　　　　　　　　图 9-2　机柜安装

【任务报告】

（1）写出机柜安装的原则和方法；

（2）写出常用机柜的规格。

【拓展知识】

1）常用服务器机柜（如图 9-3 所示）

图 9-3　常用服务器机柜

（1）安装立柱尺寸为 480 mm（19 英寸）。内部安装设备的空间高度一般为 1 850 mm（42U）。

（2）采用优质冷轧钢板，独特表面静电喷塑工艺，耐酸碱，耐腐蚀，保证可靠接地、防雷击。

（3）走线简洁，前后及左右面板均可快速拆卸，方便各种设备的走线。

（4）上部安装有 2 个散热风扇，下部安装有 4 个转动轱辘和 4 个固定地脚螺栓。

这类机柜适用于 IBM、HP、Dell 等各种品牌导轨式上安装的机架式服务器，也可以用于安装普通服务器和交换机等标准 U 设备。一般安装在网络机房或者楼层设备间。

2）常用网络机柜的规格（见表 9-1）

表 9-1　常用网络机柜的规格

规格	高度 / mm	宽度 / mm	深度 / mm	
42U	2 000	600	800	650
37U	1 800	600	800	650
32U	1 600	600	800	650
25U	1 300	600	800	650
20U	1 000	600	800	650
14U	700	600	450	
7U	400	600	450	
6U	350	600	420	
4U	200	600	420	

图 9-4　小型挂墙式机柜

3）壁挂式网络机柜

壁挂式网络机柜主要用于摆放轻巧的网络设备，外观轻巧美观，全柜采用全焊接式设计，牢固可靠。机柜背面有 4 个挂墙的安装孔，可将机柜挂在墙上节省空间。

小型挂墙式机柜如图 9-4 所示，具有体积小、纤巧、节省机房空间等特点，广泛用于计算机数据网络、布线、音响系统、银行、金融、证券、地铁、机场工程、工程系统等。

任务二　配线架、理线环安装实训

【任务目的】

（1）了解网络机柜内布线设备的安装方法和使用功能；

（2）掌握配线架布线常用工具和基本材料的使用方法。

【任务要求】

（1）完成网络配线架的安装和压接线实训；

（2）完成理线环的安装和理线实训。

【任务设备、材料和工具】

（1）网络综合布线实训装置；

（2）网络机柜、配线架、理线环、螺栓等；

（3）十字头螺丝刀、压线钳等。

【任务步骤】

步骤 1：确定机柜内需要安装的设备和数量，合理安排配线架、理线环的位置，主要考虑级连线路合理，施工和维修方便。

步骤 2：准备好需要安装的设备，打开机柜自带的螺钉包，在设计好的位置安装配线架、理线环等设备。注意保持设备平齐，螺钉固定牢固。

步骤 3：安装完毕后，开始理线和压接线缆。

【任务报告】

（1）画出机柜内安装设备布局示意图；

（2）写出常用理线环和配线架的规格；

（3）写出24位配线架的电气参数。

【拓展知识】

（1）24位/48位配线架（带理线环），如图9-5所示。

- 卡接簧片镀银：可重复次数>200次；
- 绝缘电阻：正常大气压条件下，绝缘电阻≥100 MΩ；
- 接触电阻：（不包括体电阻）正常大气压条件下，接触电阻≤2.5 MΩ；
- 寿命：插头、插座可重复插拔次数≥750次；
- 抗电强度：DC1000V（AC700V）1 min无击穿和飞弧现象。

（2）墙柜式超5类配线架。

- 卡接簧片镀银，可重复次数>200次；
- 铁板颜色：喷塑，黑色；
- 寿命：插头、插座可重复插拔次数≥750次；
- 抗电强度：DC1000V（AC700V）1 min无击穿和飞弧现象。

（3）50对110型跳线架。

- 50对110型跳线架分为两种，如图9-6所示。
- 110型模块插孔配线架如图9-7所示，其安装图如图9-8所示。

图9-5　24位/48位配线架

图9-6　50对110型跳线架

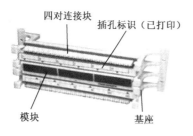

图9-7　110型模块插孔配线架

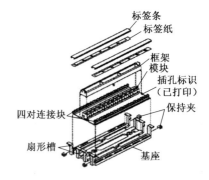

图9-8　110型模块插孔配线架安装图

第10章 电信间子系统布线

10.1 电信间子系统布线概述

电信间又称配线间、管理间，分布在建筑物的每一层。电信间的配线设备由双绞线跳线架、光纤跳线架、机柜以及输入/输出设备等组成，主要完成干线子系统与配线子系统的转接，其交连方式取决于工作区设备的需要和数据网络的拓扑结构。

1. 电信间位置的选择

电信间位置的选择要遵循以下原则：

（1）电信间面积可大可小，根据本楼层需放置的配线设备数量和管理需求确定，它甚至可以是一个墙柜；

（2）电信间位置一般位于楼层中间，靠近弱电井，远离电磁、振动等干扰源；

（3）确保安全，包括防火、防水、防潮、防爆和防止非授权改动跳接；

（4）当信息点少时，相邻楼层电信间可合并为一个，但不能超过线缆极限距离。

2. 配线设备的选择

（1）配线柜：有墙柜、立地机柜。其中立地机柜有全高（2 m）、半高之分，外沿宽度为 60～80 cm，深度为 60～90 cm，内支撑架宽为标准的 19 英寸（480 mm）。还有敞开式配线机架及特殊的定制配线柜等。

（2）配线架：有标准的 19 英寸 RJ-45 配线架，110 系列夹接式（110A，不方便经常进行修改、移位或重组）和插接式（110P，方便经常进行修改、移位或重组）模块，LGX 光纤配线架，600B 混合配线架，电话接线排桩等。

（3）空板、理线器、过线槽、紧固件、扎线带、标签带（条）等。

（4）打线工具、压接工具、熔接工具、标签打印工具等。

（5）电源：支持机柜风扇以及有源网络通信设备。

一般根据本层信息点数量与分类使用不同的配线设备，并确定数量。例如，采用 24 口 RJ-45 配线架，则每 200 点设一个全高机柜。若大楼内需配 100 对模拟电话容量，采用 110 型配线架需要 200 对，100 对连接电信，100 对连接桌面，通过跳线灵活完成电话配号。

布线设备的数量必须考虑一定的冗余量。

布线时，同类信息点应尽量放在一起，不同功能的配线分开放置。

10.2 电信间子系统布线的设计规范

电信间子系统的要求：

（1）管理间位置要根据设备的数量、规模、网络构成等因素，综合考虑确定。

（2）每幢建筑物内应至少设置 1 个设备间，如果电话交换机与计算机网络设备分别安装在不同的场地或根据安全需要，也可设置 2 个或 2 个以上设备间，以满足不同业务的设备安装需要。

（3）建筑物综合布线系统与外部配线网连接时，应遵循相应的接口标准要求。

10.3　电信间子系统布线安装工艺要求

现在，许多大楼在进行综合布线设计时都考虑在每一楼层设立一个管理间（电信间），用于管理该层的信息点，摒弃了以往各楼层共享一个电信间子系统的做法，这也是布线的一种趋势。

1）电信间子系统的设计要点

- 配线架的配线对数由管理的信息点数决定；
- 利用配线架的跳线功能使布线系统更加灵活、多功能；
- 配线架一般由光缆配线盒和铜缆配线架组成；
- 电信间子系统应该有足够的空间放置配线架、配线盒及其他网络设备；
- 有 Hub、交换机的地方要配有专用的稳压电源；
- 保持一定的温度、湿度，保养好设备。

2）电信间子系统的管理方式

交连和互连允许将通信线路定位或重定位在建筑物的不同部分，以便能更容易地管理通信线路。I/O 位于用户工作区和其他房间或办公室，以便移动终端设备使用时能够方便地进行插拔。

（1）单点管理。单点管理双交连，即从设备间出来后，进入第 2 个交接点（若没有交接间，这一点可设在指定的墙壁上）。

（2）双点管理。双点管理双交连，即除了在设备间有一个管理点外，在二级交接间或用户的墙壁上还有第二个可管理的交接区。

当综合布线规模较大时，可设置双点管理双交连。

3）电信间子系统的交连硬件部件

在电信间子系统中，信息点的线缆是通过信息点集线面板进行管理的，而语音点的线缆是通过 110 交连硬件进行管理的。

信息点的集线面板有 12 口、24 口和 48 口等，应根据信息点的多少配备集线面板。

10.4　综合布线标识

综合布线标签标识系统的实施，是为了给用户今后的维护和管理带来最大的便利，提高其管理水平和工作效率，减少网络配置时间。

所有需要标识的设施都要有标签，每一电缆、光缆、配线设备、端接点、接地装置、敷设管线等组成部分均应给定唯一的标识符。标识符应采用相同数量的字母和数字等标明，按照一定的模式和规则来进行。建议按照"永久标识"选择材料，标签的寿命应能与布线系统的设计寿命相对应。建议标签材料应通过 UL969（或对应标准）认证，以保证达到永久标识的要求；同时，建议标签要达到环保 RoHS 指令要求。所有标签应保持清晰、完整，并满足环境的要求。标签应打印，不允许手工填写，应清晰可见、易读取。特别强调的是，标签应能够经受环境的考验，比如潮湿、高温、紫外线，应该具有与所标识的设施相同或比其更长的使用寿命。聚酯、乙烯基或聚烯烃等材料通常是最佳的选择。要对所有的管理设施建立文档，其文档应采用计算机进行文档记录与保存，简单且规模较小的布线工程可按图纸资料等纸质文档进行管理，并做到记录准确、及时更新、便于查阅。

10.4.1　线缆标识

最常用的线缆标识是覆盖了保护膜的标签。这种标签带有黏性，并且在打印部分之外带有一层透明的保护薄膜，可以保护标签的打印字体免受磨损，如图 10-1 所示。

对于成捆的线缆，建议使用标识牌来进行标识。这种标识牌可以通过打印机进行打印，用尼龙扎带或毛毡带将线缆捆固定，可以水平或垂直放置；但标识本身应具有良好的防撕性能，并且符合 RoHS 对应的标准。

此外，单根线缆/跳线也可以使用非覆膜标签、旗式标签或热缩套管式标签，如图 10-2 所示。

图 10-1　覆膜线缆标签

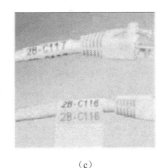

（a）　　　　　　　　　　（b）　　　　　　　　　　（c）

图 10-2　非覆膜标签（a）、旗式标签（b）和热缩套管式标签（c）

10.4.2　配线面板/出口面板的标识

配线面板 / 出口面板的标识主要以平面标识为主，要求材料能够经受环境的考验，且符合 RoHS 对应的环境要求，在各种溶剂中仍能保持良好的图像品质，并能粘贴至包括低表面能塑料的各种表面上。标签应打印，不允许手工填写，应清晰可见、易读取。所有标签应保持清晰、完整，并满足环境的要求。其示例如图 10-3 所示。

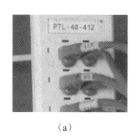
（a）

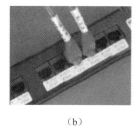
（b）

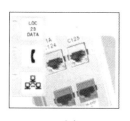
（c）

（d）

图 10-3   配线面板/出口面板标识示例

10.4.3   标签／标识的分类结构和基材的选择

1. 标签的分类

标签按打印方式分为热转移打印标签、激光打印标签、喷墨打印标签、针式打印标签和手写标识。

标签按照材料分为纸标签、乙烯标签、聚酯标签、尼龙标签、聚酯亚胺标签、聚烯烃套管标签等。

标签／标识按照用途分为印刷线路板标识、条形码标识、实验室标识、电子元器件标识、电务与通信的线缆标识、套管标识、吊牌标识、管道标识、警示标识、防静电标识、耐高温标识、工业防伪标识、商品标识、办公用品标识、票据等。

2. 标签基本结构

对于不同的打印方式和不同的用途，所使用标签的材料是不一样的。目前，大多数用户已经注意到，不同的打印方式应该使用与之相匹配的标签。我们分析一下标签的基本结构就可以看得很清楚，如图 10-4 所示。

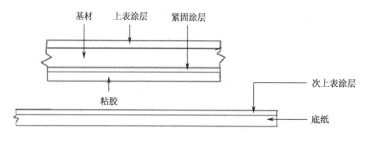

图 10-4   标签结构

3. 标签基材的选择

目前，大多数用户对标签基材的选用方法还知之甚少，致使许多应该使用工业标识或特殊标识的地方，错误地使用了民用标识。这么做虽然在打印效果和耗材的价格上暂时满足了使用者的要求，却忽略了用户对标识的字迹和粘贴耐久性的要求。工业标签基材的选择如表10-1 所示。

表 10-1　工业标签基材的选择

标识的用途	建议使用基材	耐用温度/℃	其他特性
电务和通信线缆	乙烯、乙烯布、尼龙布	−40～70	柔软易弯曲
SMT 生产线使用的标识	聚酯亚胺	260	耐高温、防静电
设备资产、铭牌	聚酯	−40～100	厚且有弹性
阻燃	聚氟乙烯	−70～135	
吊牌	聚乙烯	120	耐撕掉
热缩套管	聚苯烃	220	收缩比例 3：1
外包装标识	纸		耐撕扯、防水

从表 10-1 中我们可以看到，工业标签的基材与民用普通纸基标签有明显的不同。如果用户错选标签的基材，肯定无法满足使用要求。许多用户都是通过使用才发现基材缺陷的，因此，对标签的选择有如下建议：

（1）确定标签的使用环境。要了解标签的使用温度变化范围、湿度、光照强度，粘贴位置是否有尘土和油渍，标签粘贴在户内还是在户外，使用环境是否有酸碱或有机溶剂及盐雾腐蚀等。

（2）确定标签基材和粘胶的要求。要了解标识是否要防静电、绝缘、防伪，是否要求很薄、耐撕扯，是否需要采用永久粘胶、易撕揭粘胶、重复使用粘胶，以及基材的颜色是否有要求等。

（3）确定标签的粘贴方式。根据标签的用途和使用环境，确定标签的粘贴方式是平面粘贴、缠绕式粘贴还是旗式粘贴。

（4）确定标签的打印方式。根据用户提出的需求确定标签的打印方式。

（5）根据标签的粘贴方法和位置确定标签的尺寸。

（6）使用匹配的打印机和色带，所使用的标签及打印效果都符合 UL 论证标准。

10.4.4　标签打印机的选择

1. 热转移打印机

热转移打印机是一种热蜡式打印机，它利用打印头上的发热元件给浸透彩色或树脂的色带加热，使色带上的固体油墨转印到打印介质上。其优点是打印字迹清晰，打印速度快，打印噪声低。它在民用方面常用于火车票、超市价签等纸制标签的打印，工业上主要用于打印线缆标识、套管标识、资产标识、设备铭牌标识、集成电路元器件标识、管道标识、安全警示标识等。

2. 激光打印机

激光打印机工作的原理是利用电子成像技术进行打印。调制激光束在硒鼓上沿轴向进行扫描，使鼓面感光，构成负电荷阴影；鼓面在经过带正电的墨粉时，感光部分就会吸附上墨粉，将墨粉转印到纸上；纸上的墨粉经加热熔化，形成永久性的字符和图形。激光打印机的优点是打印质量好、分辨率高、噪声小、速度快、色彩艳丽。它在民用方面主要用于办公室的文件打印，工业上常用于批量打印线缆标识、资产标识、设备铭牌标识和集成电路元件标识。

3. 喷墨打印机

喷墨打印机价格低廉、色彩亮丽、打印噪声低、速度快。喷墨打印机应用普遍，主要在办公室和家庭中使用，工业上应用于打印单色标签，如集成电路元件标识、条形码标识和线缆标识等。

4. 针式打印机

针式打印机是最早使用的打印机之一，它的优点是结构简单、节省耗材、维护费用低、可打印多层介质；缺点是噪声大、分辨率低、打印速度慢、打印针易折断。它在民用方面常用于各种票据的打印，工业上常用于打印大批量使用的集成电路元件标识和电力线缆标识。

10.4.5　标签类型选择

1. 粘贴型和插入型

标签材料应通过 UL969（或对应标准）认证，以达到永久标识的要求；同时，标签应达到环保 RoHS 指令要求。聚酯、乙烯基或聚烯烃都是常用的粘贴型标识材料。

插入型标识应可以用来在打印机上打印，标识本身应具有良好的防撕性能，能够经受环境的考验，并且符合 RoHS 对应的标准。常用的材料类型包括：聚酯、聚乙烯、聚亚安酯。

线缆的直径决定了所需缠绕式标签的长度或者套管的直径。大多数缠绕式标签适用于各种尺寸的线缆，贝迪缠绕式标签适用于各种不同直径的标签。对于非常细的线缆（如光纤跳线），其标签可以选用旗式标签。

2. 覆盖保护膜线缆标签和管套标识

（1）覆盖保护膜线缆标签：可以在端子连接之前或者之后使用，标识的内容清晰。标签完全缠绕在线缆上，并有一层透明的薄膜缠绕在打印内容上，可以有效地保护打印内容，防止刮伤或腐蚀。

（2）管套标识：只能在端子连接之前使用，通过电线的开口端套在电线上。套管有普通套管和热缩套管之分。热缩套管在热缩之前可以随便更换标识，具有灵活性；经过热缩后，套管标识就成为能耐恶劣环境的永久标识。

3. 部署标签的环境

考虑的环境因素包括：是否会接触到油、水、化学物品或者溶剂，是否需要阻燃，是否有户外的环境，行业或政府对此是否有特殊规定或其他规定，是否用在洁净环境或其他环境中。对于各种特殊的应用环境，需要选择相应的材料才能保证符合要求。

10.4.6 标签的色码标准

常用标签的色码标准是 TIA606 色码标准，如表 10-2 所示。

表 10-2 TIA606 色码标准

端接类型	颜　色	Pantone#	典 型 应 用
分界点	橘色	150C	中心办公室连接
网络连接	绿色	353C	中心办公室连接的用户侧
公用设备	紫色	264C	与 PBX、主机（计算机）、局域网、多路复用器的连接
主要系统	红色	184C	与主电话系统的连接
一级主干	白色		连接 MC 到 IC 的建筑物内主干电缆的端接
二级主干	灰色	422C	连接 IC 到 TR 的建筑物内主干电缆的端接
建筑群主干	棕色	465C	建筑物间主干电缆的终接
水平	蓝色	291C	在 TR 内水平电缆的端接
其他	黄色	101C	告警、安全或动力监控

图 10-5 所示是管理系统设计色码标准示例。

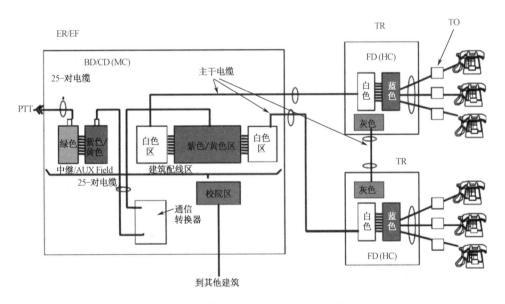

图 10-5 管理系统设计色码标准示例

10.4.7 布线标识

布线标识/标记可用于表示端接区域、物理位置、编号、信息点性质、容量规格等，使维护人员在现场维护时能一目了然。常见标识/标记如下所述：

（1）综合布线使用三种标记：电缆标记、区域标记、接插件标记，其中接插件标记最常用，分为不干胶标记条和插入式标记条。

（2）综合布线的每条电缆、光缆、配线设备、端接点、安装通道和安装空间都应给定唯一的标识，标识中可包括名称、颜色、编号、字符串或其他组合。

（3）配线设备、线缆、信息插座均应设置不易脱落和磨损的标识，并应有详细的书面记录和图纸资料。

（4）电缆和光缆的两端应采用不易脱落和磨损的不干胶标记条标明相同的编号。

（5）所有标记必须记录准确、更新及时，编排便于查阅。

每个信息点标记应该提供以下信息：楼幢号、楼层号、工作区号、房间号、房内信息序号、信息类型号。它们都可以用数字或英文字母表示，为方便阅读，一般以字母开头，数字和字母间隔表示，或者用"?"或"."分隔。例如，"A15C11-07I"表示 A 号楼 15 层 C 区 11 号房间的第 7 号点，是个国际互联网点。房内信息序号一般是进门按顺时针记数的信息端口顺序号。

但是，对 RJ-45 配线架上贴的标签，其宽度一般只能支持 6～7 个字母或数字，所以我们应根据实际布线环境灵活运用。例如，只有一幢办公楼，每间信息点数量不超过 10 个，可采用"房间号+信息类型+序号"的方式，例如"1507T5"表示 1507 号房间（15 楼）的第 5 个信息点是电话。工作区的每个信息口也可标记，采用"机柜号+配线架号+端口序号"的方式，例如"A07-11"表示 A 机柜上从上往下数第 7 个配线架，从左向右第 11 个端口。

配线架上的每根短跳线至少应该提供序号。

10.5　电信间子系统布线实训

在电信间子系统壁挂网络机柜内主要安装铜缆配线设备，一般有网络交换机、路由器、防火墙、网络线配线架、110 型跳线架、理线环等，如图 10-6 所示。

任务一　安装电信间设备

【任务目的】

（1）了解网络机柜内布线设备的安装方法和使用功能；

（2）熟悉安装电信间设备常用工具和配套基本材料的使用方法。

图 10-6　某学校网络管理中心——机房

【任务要求】

（1）准备实训工具，列出实训工具清单；

（2）独立领取实训材料和工具；

（3）完成网络配线架的安装和压接线实训；

（4）完成理线环的安装和理线实训。

【任务设备、材料和工具】

（1）网络综合布线实训装置 1 套；

（2）配线架，每个壁挂机柜内 1 个；

（3）理线环，每个配线架 1 个；

（4）4-UPT 网络双绞线，用于模块压接线实训；

（5）十字头螺丝刀，长度为 150 mm，用于固定螺钉，一般每人 1 个；

（6）压线钳，用于压接网络配线架模块，一般每人 1 个。

【任务步骤】

步骤1：设计一种机柜内安装设备布局示意图（如图 10-7 所示），并且绘制安装图。3～4 人组成一个项目组，选举项目负责人，每组设计一种设备安装图，并且绘制图纸。项目负责人指定一种设计方案进行实训。按照设计图，核算实训材料的规格和数量，掌握工程材料核算方法，列出材料清单。

步骤 2：按照设计图，准备实训工具，列出实训工具清单。

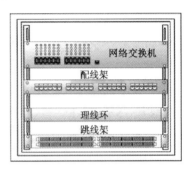

图 10-7　机柜内安装设备布局示意图

步骤 3：领取实训材料和工具。

步骤 4：确定机柜内需要安装的设备和数量，合理安排配线架、理线环的位置，主要考虑级联线路合理，施工和维修方便。

步骤 5：准备好需要安装的设备，打开设备自带的螺钉包，在设计好的位置上安装配线架、理线环等设备，注意保持设备平齐，螺丝固定牢固，并且做好设备编号和标记，如图 10-8 所示。安装完毕后，开始理线和压接线缆，如图 10-9 所示。

图 10-8　配线架、跳线架安装

图 10-9　交换机、配线架安装

☞注意：在机柜内设备之间的安装距离至少留 1U 的空间，便于设备的散热。

【任务报告】

（1）画出机柜内安装设备布局示意图；

（2）写出常用理线环和配线架的规格；

（3）分步陈述实训程序或步骤，以及安装注意事项；

（4）写出实训体会和操作技巧。

第 11 章　建筑群子系统布线

11.1　建筑群子系统布线概述

建筑群子系统是在多幢建筑物之间建立的数据通信连线。这部分布线系统可以是架空电缆、直埋电缆、地下管道电缆或者这三者敷设方式的任意组合。当然，也可以用无线通信手段。

建筑群子系统的最大特点是室外环境恶劣，距离大，施工量大。因此，要特别加强防护，同时传输介质一般采用光缆和大对数电缆。

外线接入建筑物一定要接入独立的配线架，并且固定好。对于铜缆要进行电气保护，以保护接入设备不受过流过压的损坏；对于光缆则不必进行电气保护。

建筑群间线缆与室内线缆的差别只是在外层保护上，以适应户外使用，在技术指标上没有差别。

建筑群子系统的布线方法有如下几种：

（1）架空布线法：由电线杆支撑的电缆于建筑物之间悬空。电缆可采用自支撑电缆，也可把户外电缆缚在钢丝绳上。采用这种布线方法要服从电信电缆架空敷设的有关规定。

（2）巷道布线法：利用建筑物的地下巷道来敷设电缆，不但造价低，而且可利用原有的安全设施。为防止热气或热水泄漏而损坏电缆，电缆的安装位置应与热水管保持足够的距离。另外，电缆还应安置在巷道内尽可能高的地方，以免因被水淹没而损坏。这种布线方法常见于城市内利用电力、电信和有线电视等其他管网布设光缆。

（3）直埋布线法：除了穿过基础墙的那部分电缆之外，电缆的其余部分都没有管道保护。基础墙的电缆孔应尽量往外延伸，达到没有人动土的地方，以免以后有人在墙边挖土时损坏电缆。直埋电缆通常应埋在距地面 60 cm 以下的地方，如果在同一土沟埋入了通信电缆和电力电缆，应设立明显的共用标志。

（4）管道内布线法：由管道和入孔组成地下系统，用来对网络内的各个建筑物进行互连。由于管道是由耐腐蚀材料做成的，它对电缆提供了最好的机械保护，使电缆受损时维修停用的概率降到最低。埋设的管道起码要低于地面 45 cm 或者应符合本地有关法规规定的深度。在电源入孔和通信入孔共用的情况下（入孔里有电力电缆），通信电缆不要在入孔里进行端接。通信管道与电力管道之间必须用至少 8 cm 的混凝土或 30 cm 的压实土层隔开。安装时至少应埋设一个备用管道并放一根拉线，供以后扩充使用。

11.2　建筑群子系统布线的设计规范

1. 建筑群子系统的设计规范

（1）建筑物与建筑群配线设备处各类设备线缆和跳线的配备宜按计算机网络设备的使用

端口容量和电话交换机的实装容量、业务的实际需求或信息点总数的比例进行配置，比例范围为 25%～50%。

（2）建筑群子系统 CD 的要求：

① CD 宜安装在进线间或设备间，并可与入口设施或 BD 合用场地；

② CD 配线设备内、外侧的容量应与建筑物内连接 BD 配线设备的建筑群主干线缆容量及建筑物外部引入的建筑群主干线缆容量相一致。

2. 建筑群电缆设计步骤

（1）确定建筑群现场的特点，确定建筑物的电缆出入口/起止点。

（2）确定电缆系统的一般参数，选择所需电缆的类别和规格。

（3）了解沿途土壤类型、明显障碍物的位置和地下公用设施等，确定布线方案，以及是否需要相关审批。

（4）确定主电缆路由和另选电缆路由，提供设计方案图。

（5）确定每种选择方案的劳务成本，材料清单和成本，工期；选择最经济、最实用的设计方案。

（6）留一定的冗余链路。

11.3　建筑群子系统布线的安装工艺要求

线缆布放的安装工艺要求如下：

（1）配线子系统线缆宜采用在吊顶、墙体内穿管或设置金属密封线槽及开放式（电缆桥架、吊挂环等）敷设，当线缆在地面布放时，应根据环境条件选用地板下线槽、网络地板、高架（活动）地板布线等安装方式。

（2）干线子系统垂直通道穿过楼板时宜采用电缆竖井方式。也可采用电缆孔、管槽的方式，电缆竖井的位置应上下对齐。

（3）建筑群之间的线缆宜采用地下管道或电缆沟敷设方式，并应符合相关规范的规定。.

（4）线缆应远离高温和电磁干扰的场地。

（5）管线的弯曲半径应符合表 11-1 所示的要求。

☞注意：当线缆采用电缆桥架布放时，桥架内侧的弯曲半径不应小于 300 mm。

（6）线缆布放在管与线槽内的管径与截面利用率，应根据不同类型的线缆做不同的选择。管内穿放大对数电缆或 4 芯以上光缆时，直线管路的管径利用率应为 50%～60%，弯管路的管径利用率应为 40%～50%。管内穿放 4 对对绞电缆或 4 芯光缆时，截面利用率应为 25%～30%。布放线缆在线槽内的截面利用率应为 30%～50%。

表 11-1　管线弯曲半径

线缆类型	管线弯曲半径
2 芯或 4 芯水平光缆	>25 mm
其他芯数和主干光缆	不小于光缆外径的 10 倍
4 对非屏蔽电缆	不小于电缆外径的 4 倍
4 对屏蔽电缆	不小于电缆外径的 8 倍
大对数主干电缆	不小于电缆外径的 10 倍
室外光缆、电缆	不小于电缆外径的 10 倍

11.4　建筑群子系统布线实训

任务一　铺设进线间入口管道

【任务目的】

（1）了解进线间的位置和进线间的作用；

（2）了解进线间的设计要求；

（3）掌握进线间入口管道的处理方法。

【任务要求】

（1）学习掌握进线间的作用；

（2）确定综合布线系统中进线间的位置；

（3）准备实训工具，列出实训工具清单；

（4）独立领取实训材料和工具；

（5）独立完成进线间的设计；

（6）独立完成进线间入口的处理。

【任务设备、材料和工具】

（1）网络综合布线实训装置 1 套；

（2）Φ 40 PVC 管、管卡、接头等若干；

（3）锯弓、锯条、钢卷尺、十字头螺丝刀等。

【任务步骤】 进线间主要是室外电 / 光缆引入楼内的成端与分支及光缆的盘长空间，进线间一般靠近外墙和在地下设置，便于线缆的引入，如图 11-1 所示。

步骤 1：准备实训工具，列出实训工具清单。

步骤 2：领取实训材料和工具。

步骤 3：根据图 11-1 所示的进线间入口管道铺设，确定进线间的位置。进线间在确定位置时要考虑到便于线缆的敷设以及供电方便。

步骤 4：分组，绘制安装图纸。2～3 人组成一个项目组，选举项目负责人，每组设计进线间的位置及进线间入口管道数量以及入口处理方式，并且绘制图纸。项目负责人指定 1 种设计方案进行实训。

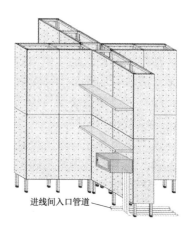

进线间入口管道

图 11-1　进线间入口管道铺设

步骤5：铺设进线间入口管道。将进线间所有进线管道根据用途划分，并按区域放置。

步骤 6：对进线间所有入口管道进行防水等处理。

实训完后，学习进线间在面积、入口管道数量方面的设计要求。

【任务报告】

（1）写出进线间在综合布线系统中的重要性以及设计原则要求；

（2）分步陈述在综合布线系统中设置进线间的要求和出 / 入口的处理办法。

第12章 光纤工程

从综合布线系统的发展历史来看，光纤配线起始于智能建筑的迅猛发展：从单个建筑物的智能化，延伸到建筑楼群与住宅和住宅区的智能化；同时，综合布线系统的应用又由民用建筑渗透到工业建筑。随着网络的高速发展和技术的进步，光纤配线在智能化弱电系统的构成中作为基础设施，在新技术、新方法、新工艺、新产品中也同样得到了快速、全面的发展。本章详细介绍光纤配线的构成、光纤配线系统的拓扑结构、光纤的安装设计、光缆施工、光纤测试和光纤的接续。

12.1 光　　纤

12.1.1 光纤概述

光纤是一种将信息从一端传送到另一端的媒介，是用玻璃或塑料纤维制成的让信息通过的传输媒介。光纤和同轴电缆相似，只是没有网状屏蔽层，其中心是光传播的玻璃芯。在多模光纤中，纤芯的直径是 15～50 μm，大致与人的头发粗细相当；而单模光纤纤芯的直径为 8～10 μm。纤芯外面包围着一层折射率比纤芯低的玻璃封套，以使光纤保持在芯内。再外面是一层薄的塑料外套，用来保护封套。光纤通常被扎成束，外面有外壳保护。因为纤芯通常是由石英玻璃制成的横截面积很小的双层同心圆柱体，它质地脆，易断裂，因此需要外加一层保护层。

1. 光纤与光缆的区别

通常，"光纤"与"光缆"两个名词容易被混淆。光纤在实际使用前，外部由几层保护结构包覆，包覆后的线缆即被称为光缆。外层的保护结构可防止不良环境对光纤的伤害，如水、火、电击等。光缆包括光纤、缓冲层及被覆。

2. 光纤的传输特点

由于光纤是一种传输媒介，它可以像一般铜缆一样，传送电话通话或电脑数据等资料；所不同的是，光纤传送的是光信号而非电信号。光纤传输具有同轴电缆无法比拟的优点而成为远距离信息传输的首选设备。光纤所具有的独特优点如下：

- 传输损耗低；
- 传输频带宽；
- 抗干扰性强；
- 安全性能高；
- 重量轻，机械性能好；

● 寿命长。

3．光纤分类

将光纤按照传输模式分类，有多模光纤和单模光纤两种。多模光纤可以传输若干个模式，而单模光纤对给定的工作波长只能传输一个模式。

1）多模光纤

当光纤的几何尺寸（主要是纤芯直径）远远大于光波波长（约 1 μm）时，光纤中会存在着几十种乃至几百种传播模式。不同的传播模式具有不同的传播速度与相位，导致长距离的传输之后会产生时延、光脉冲变宽。这种现象叫作光纤的模式色散（又叫模间色散）。

模式色散会使多模光纤的带宽变窄，降低了其传输容量，因此多模光纤仅适用于较小容量的光纤通信。

多模光纤的折射率分布大多为抛物线分布，即渐变折射率分布。其纤芯直径为 50 μm 左右。

2）单模光纤

当光纤的几何尺寸（主要是芯径）与光波长相近时，如芯径在 5～10 μm 之间，光纤只允许一种模式（基模 HE11）在其中传播，其余的高次模全部截止，这样的光纤叫作单模光纤。

由于其中只有一种模式传播，避免了模式色散的问题，故单模光纤具有极宽的带宽，特别适用于大容量的光纤通信。因此，要实现单模传输，必须使光纤的诸参量满足一定的条件。通过公式计算得出：对于 NA=0.12 的光纤要在 λ=1.3 μm 以上实现单模传输时，光纤纤芯的半径应不大于 4.2 μm，即其纤芯直径 $d_1 \leq 8.4$ μm。

由于单模光纤的纤芯直径非常小，所以对其制造工艺提出了苛刻的要求。

4．使用光纤的优点

（1）光纤的通频带很宽，理论上可达 30 THz；
（2）光纤的无中继支持长度可达几十到上百千米，而铜线只有几百米；
（3）不受电磁场和电磁辐射的影响；
（4）重量轻，体积小；
（5）光纤通信不带电，使用安全，可用于易燃、易爆等场所；
（6）使用环境温度范围宽；
（7）使用寿命长。

5．如何选择光缆

光缆的选择除了根据光纤芯数和光纤种类以外，还要根据光缆的使用环境来选择光缆的结构和外护套。

（1）户外用光缆直埋时，宜选用松套铠装光缆；架空时，可选用带两根或多根加强筋的黑色 PE 外护套的松套光缆。

（2）建筑物内用的光缆应选用紧套光缆并注意其阻燃及有无毒、烟的特性。一般在管道中或强制通风处可选用阻燃但有烟的类型（Plenum）或可燃无毒的类型（LSZH），在暴露的环境中应选用阻燃、无毒和无烟的类型（Riser）。

（3）楼内垂直或水平布缆时，可选用与建筑物内通用的紧套光缆、配线光缆或分支光缆。

（4）根据网络应用和光缆应用参数来选择单模光缆和多模光缆。通常，室内和短距离应用以多模光缆为主，室外和长距离应用以单模光缆为主。

6. 光纤到桌面

光纤越来越接近用户终端，"光纤到桌面"的意义和系统设计时需要注意哪些因素？

在水平子系统的应用中，光纤和铜缆之间是相辅相成、不可或缺的关系。光纤有其特有的长处，比如传输距离远、传输稳定、不受电磁干扰的影响、支持带宽高、不会产生电磁泄漏。这些特点使得光纤在一些特定的环境中发挥着铜缆不可替代的作用：

（1）当信息点传输距离大于 100 m 时，如果选择使用铜缆，则必须添加中继器或增加网络设备和弱电间，从而增加成本和故障隐患，而使用光纤可以轻易地解决这一问题。

（2）在特定工作环境（如工厂、医院、空调机房、电力机房等）中，存在着大量的电磁干扰源，光纤可以不受电磁干扰，在这些环境中稳定运行。

（3）光纤不存在电磁泄漏，要检测光纤中传输的信号是非常困难的；因而它在保密等级要求较高的地方（如军事、研发、审计、政府等行业）是很好的选择。

（4）对带宽的需求较高的环境，达到了 1 GHz 以上，光纤是很好的选择。

光纤的应用正在从主干或机房逐渐延伸到桌面和住宅用户，这就意味着越来越多的不了解光纤特性的用户开始接触到光纤系统。所以，在设计光纤链路系统和选择产品时，应充分考虑系统当前和未来的应用需求，使用兼容的系统和产品，最大可能地便于维护和管理，适应千变万化的现场实际情况和用户安装需求等。

12.1.2　光纤的传输原理和工作过程

光纤是光波传输的介质，是由介质材料构成的圆柱体，分为芯子和包层两部分。光波沿芯子传播。在实际工程应用中，光纤是指由预制棒拉制出纤丝经过简单被覆后的纤芯，纤芯再经过被覆、加强和防护，成为能够适应各种工程应用的光缆。

1. 光纤传输原理

光波在光纤中的传播过程是利用光的折射和反射的原理来进行的，一般来说，光纤芯子的直径要比传播光的波长高几十倍以上，因此利用几何光学的方法定性分析是足够的，而且对问题的理解也很简明、直观。

2. 光纤传输过程

首先由发光二极管（LED）或注入型激光二极管（ILD）发出光信号沿光媒体传播，在另一端则有 PIN 或 APD 光电二极管作为检波器接收信号。对光载波的调制方式为移幅键控，又称亮度调制（Intensity Modulation）。典型的做法是在给定的频率下，以光的出现和消失来表示两个二进制数字。LED 和 ILD 的信号都可以用这种方法调制，PIN 和 ILD 检波器直接响应亮度调制。功率放大：将光放大器置于光发送端之前，以提高入纤的光功率，使整个线路系统的光功率得到提高；在线中继放大：当建筑群较大或楼间距离较远时，可起中继放大作用，提高光功率；前置放大：在接收端的光电检测器之后将微信号进行放大，以提高接收能力。

12.1.3 光纤的连接

1．光纤熔接技术原理

光纤连接采用熔接方式。熔接是指通过使光纤的端面熔化而将两根光纤连接到一起，这个过程与金属线焊接类似，通常要用电弧来完成。光纤熔接的示意图如图12-1所示。

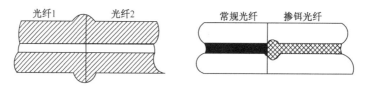

图 12-1　光纤熔接示意图

熔接连接光纤不产生缝隙，因此不会引入反射损耗，入射损耗也很小，在 0.01～0.15 dB 之间。在光纤进行熔接前要把它的涂敷层剥离。机械接头本身是保护连接光纤的护套，但熔接在连接处却没有任何的保护。因此，熔接光纤设备包括重新涂敷器，它涂敷于熔接区域。另一种方法是使用熔接保护套管，它们是一些分层的小管，其基本结构和通用尺寸如图 12-2 所示。将保护套管套在接合处，然后对它们进行加热。内管是由热缩材料制成的，这样这些套管就可以牢牢地固定在需要保护的地方，加固件可避免光纤在这一区域受到弯曲。

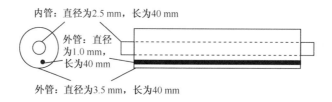

图 12-2　光纤熔接保护套管的基本结构和通用尺寸

2．光缆终接与接续的方式

（1）光纤与连接器件的连接可采用尾纤熔接、现场研磨和机械连接的方式；
（2）光纤与光纤之间的接续可采用熔接和光连接子（机械）连接的方式。

3．光缆芯线终接的要求

（1）采用光纤连接盘对光纤进行连接、保护，在连接盘中光纤的弯曲半径应符合安装工艺的要求；
（2）光纤熔接处应加以保护和固定；
（3）光纤连接盘面板应有标志；
（4）光纤连接损耗值，应符合表12-1所示的规定。

表 12-1　光纤连接损耗值　　　　　　　　　　　（单位：dB）

连接类别	多　模		单　模	
	平　均　值	最　大　值	平　均　值	最　大　值
熔接	0.15	0.3	0.15	0.3
机械连接	—	0.3	—	0.3

12.2　光纤配线系统构成

光纤配线系统包含了位于信息通信中心（电信运营商的接入点）和终端设备光信息输出端口之间的所有光缆、光纤跳线、设备光缆、光连接器件、敷设管道以及安装配线的设备组成的系统。对于不同的项目与建筑物，其构架和所包括的线缆及配线器件、设备会各不相同。

（1）单体建筑物：在 GB 50311—2016《综合布线系统工程设计规范》中已经定义，主要是以垂直干线子系统中的数据传输为主，配以光纤到桌面的水平光纤配线系统。

（2）建筑群：在 GB 50311—2016《综合布线系统工程设计规范》中，光纤的应用包含在建筑群干线子系统中。通过这个子系统，可以将各种单体建筑物中的信息网络连接成一体，以满足各种大型工矿企业、机场、医院、校园、体育场馆、城市交通、城市监控和智能小区等大型企事业单位内的自用信息通信业务需求。

（3）住宅与住宅小区：主要考虑将"三网融合"如何做到技术与业务上的融合。利用无源网络的信息传输系统作为主导的接入网络技术得到推广，它可以使计算机网络、电话网络和电视网络全部采用光纤传输，达到管道资源共享、简化线路、节省造价的目的。在《住宅和住宅建筑通信设施工程设计规划》中规定，为满足宽带业务接入家庭，应将光纤布放到家居配线箱。

12.2.1　住宅光纤配线系统

住宅小区配线系统的构成情况较为复杂，建设的规模也各不相同。按照国家相关法规政策的规定，建筑红线范围内的小区管道和住宅建筑内的所有管线与配线设施均由房屋开发商设计建设，与电信运营商互通的配线设备容量要满足 2～3 户的需要，小区内的线缆应该由电信运营商敷设。所以，在园区管线建设时，应该确定工程界面，杜绝电信运营商垄断通信资源的现象存在。

（1）多层住宅（6 单元/楼、6 层/单元、2～3 户/层）：以楼、楼单元为界面，其配线系统构成如图 12-3 所示。

图 12-3　多层住宅配线系统构成

（2）高层住宅：以单栋楼、楼层为界面，其配线系统构成如图 12-4 所示。

图 12-4　高层住宅配线系统构成

（3）单栋别墅：以单栋楼为界面，其配线系统构成如图 12-5 所示。

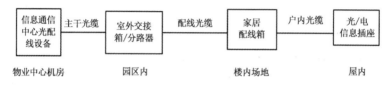

图 12-5　单栋别墅配线系统构成

12.2.2　工业园区和专用网光纤配线系统

工业企业园区和专用网（如医院、学校、城铁等）基本上为自建项目，其光纤配线系统工程情况复杂，没有固定的模式。加之地域较大，往往涉及城区范围，如公路交通、城铁等，其网络带有链形与树形的特征。因为传输距离较远，往往会超出综合布线系统 3～5 km 的范围。因此，只能以本地通信线路规范与标准的要求去进行规划与设计。

作为自建项目，确定规划红线之内的区域为建设范围。在自建的光纤配线系统中，实现光纤到建筑物、光纤到区域、光纤到工作区，并且以信息通信中心机房的光纤配线设备为界面与公用通信网络实现互通。光纤配线设备的容量应该满足至少 2～3 家电信运营商接入的需求。工业园区和专用网光纤配线系统构成如图 12-6 所示。

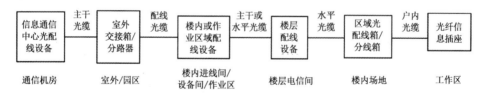

图 12-6　工业园区和专用网光纤配线系统构成

12.2.3　公共建筑光纤配线网络构成

楼宇内基本上按照建筑物与建筑群综合布线系统的要求实施，将光纤布放到工作区的光纤信息插座。光纤至桌面的规划设计有三种情况：

（1）从楼层电信间光配线设备布放水平光缆至桌面信息插座。

（2）从大楼设备间光配线设备直接布放光缆至桌面信息插座。但是，主干光缆和水平光缆的光纤在楼层电信间进行连接。

（3）从大楼设备间光配线设备直接布放光缆，经过楼层电信间至桌面信息插座。

公共建筑光纤配线网络构成如图 12-7 所示。

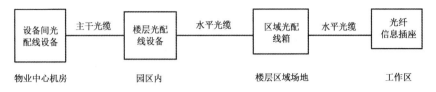

图 12-7　公共建筑光纤配线网络构成

这些光纤配线系统的组成可以根据不同的业务网络加以选用，选用时主要考虑以下因素：

- 工程范围；
- 应用业务；
- 所采用的通信技术；
- 企业网络的构成与规模；
- 建筑物的设置位置与建筑规模；
  公用电信业务的接入点设置以及与公用电信网络的互通方式。

12.3　光纤配线系统拓扑结构

光纤配线系统一般由主干与配线两部分组成，其网络拓扑结构有环形、星形、网状等。

12.3.1　环形网络拓扑结构

环形网络也称为自愈型网络，网络构成最为安全，在环上的每一个配线节点都可以通过两条不同方向的路由与信息通信中心互通，但是对光纤光缆与光配线设备需求量相对要大。它是主干配线部分经常采用的组网方式，其拓扑结构如图 12-8 所示。

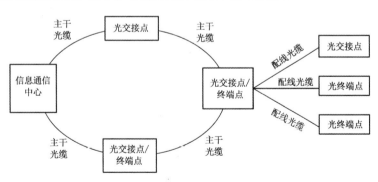

图 12-8　环形网络拓扑结构

12.3.2　星形网络拓扑结构

星形网络拓扑结构主要体现为点对点、点对多点的互通方式，易于升级和扩容，对建筑物比较分散、距离较远的园区较为适用。星形网络拓扑结构如图 12-9 所示。

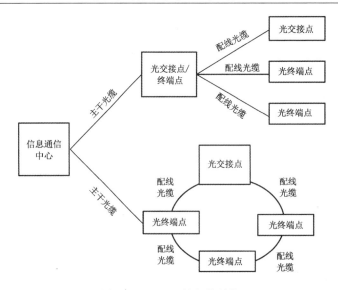

图 12-9 星形网络拓扑结构

12.3.3 树状网络拓扑结构

树状网络拓扑结构具有逐渐延伸递减的特点，一般适用于交通、城铁、公路等场合。树状网络拓扑结构如图 12-10 所示。

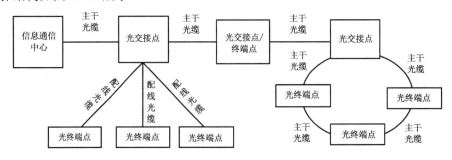

图 12-10 树状网络拓扑结构

12.4 光纤安装设计

12.4.1 光纤线路敷设方式确定原则

1. 室外管道

各类物理拓扑最终需要光纤和光缆网络实现，其路由的选择，应符合中远期园区、住宅发展规划和相关建设部门的规定，结合管道路由的实际等因素确定，主要原则有：

（1）路由短捷，安全可靠。

（2）施工和维护方便。

（3）园区、建筑群之间的光缆主要采用管道方式。

（4）当现有管道不能利用或暂时不具备建设管道的条件时，可以采用架空方式作为过渡；

当无法建设管道时,可以采用直埋方式。

(5)管道和直埋光缆应该避免敷设在今后可能设有建筑房屋、车行道,以及地下建筑复杂、经常有挖掘现象出现的地方。

(6)采用管道敷设的光缆线路,当管孔直径远大于光缆外径,或者不同业务光缆布放在一根大孔径管内时,应采用管孔中布放子管的方式;子管道的总外径不应超过原管孔内径的85%,子管道内径不应小于光缆外径的 1.5 倍。

(7)管道光缆两个接头间的管道累计段长,应根据施工时光缆在管道中的牵引条件和光缆允许的牵引张力,并结合光缆的标称制造长度确定,管道光缆的接头入孔和出孔的确定应当便于施工和维护。

(8)关于管道光缆占用管孔位置的选择,光缆占用的管孔应该靠近管孔群两侧,并按照由下至上的原则使用;同一根光缆占用各段管道的管孔位置宜保持不变,光缆的预留长度应符合如下规定:

- 光缆在接头处的预留长度应该包括光缆连续长度,光纤在接头盒、交接箱内的盘留长度,以及光纤光缆施工接续或成端时所需的长度;
- 通常光缆在单侧的预留长度为 6~10 m。

2.楼内管道

(1)建筑物内通信管线与其他管线间的净距要求如表 12-2 所示。

表 12-2 建筑物内通信管线与其他管线间净距要求

其他管线	建筑物内通信管线	
	平行净距/mm	交叉净距/mm
电力线	150	50
给水管	150	20
压缩空气管	150	20
热力管（不包封）	500	500
热力管（包土封）	300	300
煤气管	300	20

(2)建筑物内布线应采用暗配线方式。

(3)暗配线管网由竖井、暗管、线槽、壁龛箱体、用户引入线暗管、过线箱（盒）和信息插座出线盒等组成。

(4)暗配线管网和配线光缆应满足终期需要,楼层和楼层间的配管应有维修余量,每户使用一根引入管。

(5)暗配线管网和配线电缆、光缆或同轴电缆应考虑到每一住户室内的信息插座、光缆插座或电视插座。

12.4.2 室外光缆敷设

目前光缆的安装方式主要有三种,不同的光缆适用不同的安装方式。规划设计时,应当考

虑不同的环境，选择合适的光缆以及安装方式，建议使用管道敷设方式。光缆的各种敷设方式
的特征与适用场合如表 12-3 所示。

表 12-3　光缆敷设方式的特征与适用场合

敷设方式		特　征	适 用 场 合
室外光缆	管道敷设	安全性高，防止挖掘、有害动物及其他可能的损坏，维护较为方便；需要预埋管道，成本较高。通常使用铝-聚乙烯黏结护层光缆	适用于园区、建筑群主干等自建网络
	直埋敷设	施工比较方便，对光缆的机械性能要求较高；通常采用塑料黏结、双层铠装、聚乙烯外护套光缆	环境条件恶劣或远距离敷设时采用直埋方式
	架空敷设	施工方便，成本较低；超重负荷区以及最低气温低于-30 ℃地区，不宜采用。光缆暴露在空气中会受到恶劣天气及其他因素的破坏	无条件建设管道或远距离敷设时采用直埋方式
室内光缆		采用聚氯乙烯或者其他不易燃材料的护套，并采取有效防火阻燃措施	建筑物内

1. 管道敷设

1）管道路由选择要求

园区和建筑群通常采用管道或槽道敷设的方式，确定路由的依据为：

（1）主干管道应选择在线缆容量较大、汇聚条数较多、公用距离较长，且易于分支分配的路由上。

（2）主干管道沿道路建设时，宜建在用户较多的一侧。

（3）室外管道路由的选择要兼顾网络分支分配的灵活性和安全性等综合要求。

（4）在管孔内不设置光缆接头。

（5）管道位置应按绿化带、人行道、车行道的优先顺序选择，尽量使管道载荷小。

（6）管道位置的中心线宜与道路中心线平行，一般不允许管道任意穿越道路；必须穿越时，管道中心线宜与道路中心线垂直。

（7）光缆管道的最小埋深以及它与其他地下管线和设施之间的最小净距，应分别满足表 12-4 和表 12-5 所示的要求。需要说明的是，表中的内容主要是针对自建的园区管道而规定的，如果涉及城区或社区部分的管道时，应该参照 GB 50373—2019《通信管道与通道工程设计标准》的要求。

表 12-4　光缆管道的最小埋深

管道类别	管顶距路面或铁道基面的最小距离/m	
	人行道	车行道
混凝土管、硬塑料管	0.5	0.7
钢管	0.2	0.4

表 12-5 光缆管道与其他管线和设施之间的最小净距

其他管线和设施		最小水平净距/m	最小垂直净距/m
建筑物		1.5	
给水管	管径≤300 mm	0.5	0.15
	300 mm<管径≤500 mm	1.0	
排水管		1.0①	0.1②
热力管		1.0	0.25
煤气管	压力≤300 kPa	1.0	0.30③
电力电缆④	35 kV 以下	0.5	0.25
	其他通信电缆、弱电电缆	0.75	
乔木		1.5	
灌木		1.0	
马路边石		0.5～1.0	
地上杆柱		0	
房屋建筑红线（或基础）			

注：① 排水管敷设时，其施工沟与信息管道之间的水平净距不应小于 1.5 m。

②当信息电缆管道在排水管下部穿过时，垂直净距不应小于 0.4 m。信息管道应做包封，包封长度自信息管道两侧各
加长 2 m。

③与煤气管交接处 2 m 范围内，煤气管不应做接合装置及附属设备；当不能避免时，信息管道应包封 2 m。当煤气管
道有套管时，允许的最小垂直净距为 0.15 m。

④电力电缆加管道保护时，净距可减为 0.15 m。

2）管道管材的要求

（1）光缆管道一般采用单孔或多孔塑料管进行组合。

（2）在下列情况下应采用钢管：

- 埋深过浅或路面荷载过重；
- 地基特别松软或有可能遭受强烈震动；
- 有强电危险或干扰影响而需要防护；
- 建筑物引入管道或引上管；
- 在腐蚀比较严重的地段采用钢管，且必须做好钢管的防腐处理。

2. 单独布管

暗埋导管的埋深原则：

（1）导管外壁距墙表面不得小于 15 mm；

（2）埋设在现场浇注的混凝土楼板内的导管，应敷设在底层钢筋和上层钢筋之间。

3. 直埋敷设

直埋敷设的主要特点是能够防止各种外来的机械损伤，而且地温较稳定，减小了温度变化
对光纤传输特性的影响，从而提高了光缆的安全性和传输质量。直埋光缆是隐蔽工程，技术要

求较高，在敷设时应注意以下几点：

（1）直埋的埋深应不小于 1 m。

（2）直埋敷设位置，应在统一的综合协调下安排布置，以减少管线设施之间的矛盾。直埋光缆与其他管线及建筑物间的最小间距如表 12-6 所示。光缆的接头处、拐弯点或预留长度处及与其他地下管线交越处，应设置标志，以便维护和检修。

表 12-6　直埋光缆与其他管线及建筑物间的最小间距

其他管线及建筑物		最小水平净距/m	最小垂直净距/m
给水管	管径≤300 mm	0.5	0.5
排水管		0..8	0.5
热力管		1.0	0.5
煤气管	压力≤300 kg/cm	1.0	0.5
电力电缆	35 kV 以下	0.5	0.5
	其他通信电缆、弱电电缆		
乔木		2.0	
灌木		0.75	
地上杆柱		0.5～1.0	
房屋建筑红线（或基础）		1.0	

注：光纤采用钢管保护时，交叉时的最小径距可降为 0.15 m。

4. 架空敷设

架空敷设光缆通常适用于临时的应用；对于永久或固定的线缆安装，不建议采用架空方式。

12.4.3　楼内光缆敷设

在楼内垂直方向，光缆宜采用电缆竖井内电缆桥架或电缆走线槽方式敷设，电缆桥架或电缆走线槽宜采用金属材质制作；在没有竖井的建筑物内可采用预埋暗管方式敷设，暗管宜采用钢管或阻燃硬质 PVC 管，管径不宜小于 50 mm。

水平通道可选择墙体或楼板内预埋暗管、槽及吊顶（天花板）内设置电缆桥架的敷设方式。

1. 预埋暗管敷设

（1）暗配管的设置要求：

① 按建筑物的结构和规模确定一处或多处进线；

② 暗配管应与综合布线系统和建筑物协调设计，以利于布管和组网；

③ 应做好管口的封口处理，防止浇注时或穿线作业前杂物落入管内而造成管路堵塞；

④ 暗管通过伸缩缝或沉降缝时应做伸缩或沉降处理，穿越有防火要求的区域时墙体洞口应做防火封堵；

⑤ PVC 管在穿出地面或楼板时应有保护措施，以免受机械损伤；

⑥ 导管在砌体上剔墙敷设时，应采用强度等级不小于 M10 的水泥砂浆抹面保护，且保护

层厚度不小于 15 mm。

（2）住宅建筑暗管敷设要求：

① 多层建筑物宜采用暗管敷设方式，高层建筑物宜采用电缆竖井、电缆线架和暗管敷设相结合的方式；

② 每一住宅单元宜设置独立的暗配线管网；

③ 墙装配线箱至用户的暗管不得穿越非本户的其他房间；

④ 每户设 2~3 根引入暗管至墙装配线箱，配线箱至户内安装信息插座。

（3）现浇混凝土板内并列敷设的管距不应小于 25 mm。

2．导管连接原则

（1）PVC 管应采用套管连接，导管插入深度不小于 1.5 倍导管外径，对接的管口应光滑平齐，连接时结合面应采用专用黏合剂黏结牢固；

（2）钢导管熔焊连接时，应采用套管熔焊，套管长度不小于 2 倍导管管径，对接管口光滑平齐，焊接后表面要做防腐、防锈处理；

（3）导管与线盒、线槽、箱体连接时，管口必须光滑，盒（箱）体或线槽外侧应套锁母，内侧应装护口。

3．垂直敷设

在新建的建筑物中，通常在垂直方向上有一层层对准的封闭型的小房间，称为弱电间。在这些封闭型的小房间中留有线槽或一系列的孔，形成一个专用的布线通道。这些线槽或孔从顶层到地下室每层都有，这样就解决了垂直方向通过各楼层敷设光缆的问题，但要采取防火措施。在原有建筑物中，往往设备用房中敷设了气管、水管、空调管等，同时还有电力电缆。当利用这些场地设置桥架来敷设光缆时，必须加以保护。

在敷设光缆时，若欲利用大口径管道穿放多根光缆或多种类型业务的通信线缆时，就要为光缆专门留一条子管道，以便将光缆与铜缆分开。如果要敷设光缆的地方已存有线缆，则需把它们捆在一起给光缆留出更多的空间。

4．桥架敷设

桥架分为梯架、托架和线槽三种形式。梯架为敞开式走线架，两侧设有挡板；托架为线槽的一种形式，但在其底部和两边的侧板留有相应的小孔，主要起排水作用；线槽一般为封闭型，但槽盖可开启。

选择金属桥架和线槽时，应根据工程场地环境情况，选择适宜的防腐处理方式。金属桥架和线槽的表面可采用电镀锌、烤漆、喷涂粉末、热浸锌、镀镍锌合金纯化处理或采用不锈钢板，但是采用金属槽道时，槽段之间需保持导通。

5．吊顶（天花板）敷设

在低矮而又宽阔的单层建筑物中，可以在吊顶内水平地敷设光缆。由于吊顶类型不同，光缆类型不同，故敷设光缆的方式也不同。因此，首先必须查看并确定吊顶和光缆的类型。

通常，当设备间和电信间在同一个大的单层建筑物中时，可以在悬挂式吊顶内敷设光缆。如果敷设的是有填充物的光缆，且不采用牵引方式穿管、槽，又具有良好、可见、宽敞的工作空间，则光缆敷设比较简单；如果要在一个管道中敷设无填充物的光缆，那就比较困难，当然其难度还与敷设的光缆类型及管道的弯曲度有关。

在水平管道中敷设光缆，当需要在拥挤区内敷设非填充光缆，并要求对非填充光缆进行保护时，可将光缆敷设在一条单独的管道中。

6．场地敷设

在交接间、设备间等机房内，光缆布放宜盘留在合适的位置，预留长度以 3～5 m 为宜；当有特殊要求时，应按设计要求预留长度。

12.4.4　管道利用率与弯曲度

1．管道利用率

管道的布设应当充分考虑当前和未来可能存在的需求，保留足够的空间并且不能超过初次敷设的管道利用率。

通常而言，暗管中布放多根光缆，当光缆为 12 芯以上时，宜采用管径利用率的计算公式进行计算，直线管道的利用率为 50%～60%，弯曲管道应为 40%～50%。布放 4 芯以下光缆时，宜采用管截面利用率的计算公式进行计算，管道截面利用率为 25%～30%；如果使用线槽，则线槽的截面利用率不应超过 40%～50%。

管道的利用率可采用管径利用率和截面利用率的计算公式加以计算，然后根据光缆的规格尺寸来确定布放光缆的根数。

（1）管径利用率＝管直径÷光缆直径×100%；

（2）截面利用率＝管截面积÷光缆截面积之和×100%。

在楼内垂直方向，光缆采用电缆桥架或电缆走线槽方式敷设，线槽的截面利用率不应超过 50%。在没有竖井的建筑物内采用预埋暗管方式敷设，管径不宜小于 50 mm。直线管的管径利用率不超过 60%，弯管的管径利用率不超过 50%。

2．管道弯曲度

楼内水平方向光缆敷设预埋钢管和阻燃硬质 PVC 管或线槽时，宜采用 15～25 mm 管径的暗管。楼内暗管直线预埋管长度应控制在 30 m 以内，长度超过 30 m 时应增设过路箱。每一段预埋管的水平弯曲不得超过两次，不得形成 S 弯。暗管的弯曲半径应大于管径 10 倍，当外径小于 25 mm 时，其弯曲半径应大于管径的 6 倍；弯曲角度不得小于 90°。

12.4.5　传输线路接地

接地范围：

（1）钢绞线的首杆、末杆接地；

（2）钢绞线每隔 10 个杆距接地；

（3）入出地线缆旁的钢绞线接地；

（4）光缆接续盒的光缆金属加强件接地；

（5）光节点、宽频带放大器、供电器均应绑定到钢绞线上，经由钢绞线就近接地。

12.5　光 缆 施 工

12.5.1　桥架安装

（1）桥架设置应高于地面 2.2 m 以上。为了施工方便，桥架顶部距建筑物楼板不宜小于 300 mm，在过梁或其他障碍物处不宜小于 0.1 m。

（2）垂直敷设桥架时，与建筑物之间的固定间距宜小于 2 m，距地面 1.8 m 以下部分加金属板保护。

（3）水平敷设桥架时，支撑间距一般为 1.5～3 m，通常选择 2 m。下列情况下应设置支架或吊架：

- 桥架、线槽接头处；
- 距桥架终端 0.5 m 处；
- 转弯处。

12.5.2　线槽安装要求

（1）线槽安装位置应符合施工图规定，左右偏差视环境而定，最大不应超过 50 mm。

（2）线槽水平度每米偏差不应超过 2 mm。

（3）垂直线槽与地面保持垂直，并无倾斜现象，垂直度偏差不超过 3 mm。

（4）线槽应平整，内部光洁、无毛刺，加工尺寸准确；线槽采用螺栓连接或固定时，宜采用平滑的半圆头螺栓，螺母应在线槽的外侧。

（5）金属线槽必须可靠接地，全长应不少于两处与接地干线相连接；当金属线槽连接处两端采用跨接地线时，应使用截面积不小于 4 mm² 的铜芯导线。

（6）线槽在跨越建筑物变形缝时应设置补偿装置；直线段钢制线槽当其长度超过 30 m 时，应设置伸缩节。

（7）线槽转弯处应满足槽内敷设电缆所允许的弯曲半径的要求。

（8）敷设在竖井内和穿越不同防火区的线槽，穿越处应有防火隔堵措施。

12.5.3　园区光缆布放

1．光缆的装卸和运输

装卸光缆时，应采用下列方法之一进行卸货：装卸光缆时，最好用叉车或吊葫芦把光缆从车上轻轻地放置到地上；用平直木板放置在卡车平台与地面之间，形成一个小于 45°角的斜坡，在光缆顺着斜坡下滑的同时，用一绳子穿过光缆中间孔，再在车上拉住绳子的两端，使光缆盘匀速下滑；或者在斜坡下端放置几个软垫（如破旧轮胎等），再让光缆顺着斜坡向下滑。

严禁把光缆直接从卡车上滚下来，这样很可能造成光缆损坏。

运输光缆时，不得使缆盘处于平放位置，不得堆放；盘装光缆应按缆盘标明的旋转箭头方向滚动，但不得做长距离滚动；防止受潮和长时间暴晒；储运温度应控制在-40～+60℃范围内。

敷设时，所施拉拽之力、弯曲半径勿超过其承受限度，以免拉断光纤。

2．架空光缆的敷设

架空光缆线路架设的工作流程如图12-11所示。

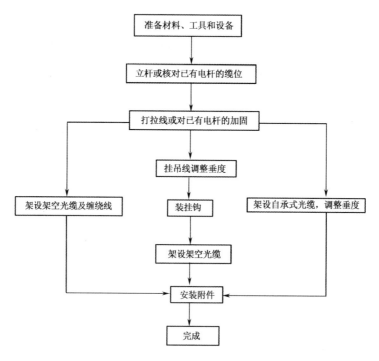

图12-11 架空光缆线路架设的工作流程

吊挂式架空光缆主要有三种敷设方式，即滑轮牵引法、杆下牵引法及预挂钩牵引法。

1）滑轮牵引法

滑轮牵引法的施工步骤如表12-7所示。滑轮牵引法的施工示意图及光缆外径和挂钩的选择如图12-12所示，伸缩弯及其保护示意图如图12-13所示。

表12-7 滑轮牵引法的施工步骤

步骤	内 容
1	为顺利布放光缆并不损伤光缆外护层，应采用导向滑轮和导向索，并在光缆始端和终点的电杆上方各安装一个滑轮
2	每隔20～30 m安装一个导向滑轮，边牵引绳索边按顺序安装滑轮，直至光缆放线盘处与光缆牵引头连接好
3	采用端头牵引机或人工牵引，在敷设过程中应注意控制牵引张力

（续表）

步骤	内　　容
4	一盘光缆分几次牵引时，可在线路中盘成"∞"形分段牵引
5	每盘光缆牵引完毕后，由一端开始用光缆挂钩将光缆托挂于吊线上，替换导向滑轮。挂钩之间的距离和在杆上所做的"伸缩弯"参见图 12-13
6	光组接头预留长度为 6～10 m，应盘成圆圈后用扎线固定在杆上

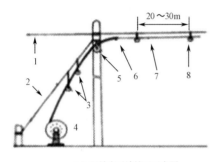

挂钩	光缆外径/cm
65	32以上
55	20～32
45	19～24
35	13～18
35	12以下

（a）滑轮牵引法施工示意图　　　（b）光缆外径与挂钩的选择

图 12-12　滑轮牵引法施工示意图及光缆外径与挂钩的选择

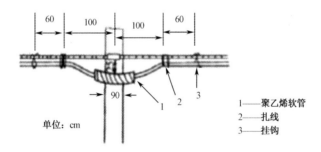

1——聚乙烯软管
2——扎线
3——挂钩

图 12-13　伸缩弯及其保护示意图

2）杆下牵引法

对于杆下障碍不多的情况，可采用杆下牵引法，其施工步骤如表 12-8 所示。

表 12-8　杆下牵引法施工步骤

步骤	内　　容
1	将光缆盘置于一段光路的中点，采用机械牵引或人工牵引方式，将光缆牵引至一端预定位置，然后将盘上余缆倒下，盘成"∞"形，再向反方向牵引至预定位置
2	边安装光缆挂钩，边将光缆挂于吊线上
3	在挂设光缆的同时，将杆上预留长度、挂钩间距一次完成，并做好接头预留长度的放置和端头处理

综合布线设计与施工（第 4 版）

3）预挂钩牵引法

预挂钩牵引法的施工步骤如表 12-9 所示，其施工示意图如图12-14 所示。

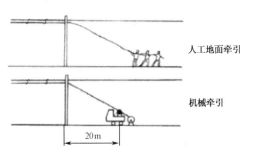

人工地面牵引

机械牵引

20m

图 12-14　预挂钩牵引法施工示意图

表 12-9　预挂钩牵引步骤

步骤	内　　容
1	在杆路准备时就将挂钩安装于吊线上
2	在光缆盘及牵引点安装导向索及滑轮
3	将牵引索穿过挂钩，预放在吊线上，敷设光缆时与光缆牵引端头连接

3. 管道光缆的敷设

1）管道光缆敷设流程

管道光缆敷设流程如图 12-15 所示。

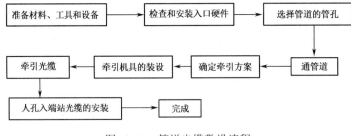

图 12-15　管道光缆敷设流程

2）光缆牵引头要求

由于管道光缆敷设时环境的特殊性，其光缆牵引头应符合下列要求：

（1）牵引张力应主要加在加强件上（75%～80%），其余加到外护层上（20%～25%）；

（2）光缆内的光纤不应承受张力；

（3）牵引端头应具有一定的防水性能，避免光缆端头浸水；

（4）牵引端头直径要小。

3）施工方式

（1）机械牵引敷设。

● 集中牵引法：集中牵引即端头牵引，牵引索通过牵引端头与光缆端头连接，用终端牵引机按设计张力将整条光缆牵引至预定敷设地点。

● 分散牵引法：不用终端牵引机而是用 2～3 部辅助牵引机完成光缆敷设。这种方法主要是由光缆外护套承受牵引力，故应在光缆允许承受的侧压力下施加牵引力，因此需使用多台辅助牵引机使牵引力分散并协同完成。

● 中间辅助牵引法：除使用终端牵引机外，同时使用辅助牵引机。一般以终端牵引机通过光缆牵引头牵引光缆，辅助牵引机在中间给予辅助牵引，使一次牵引长度得以增加。

（2）人工牵引敷设。

人工牵引时必须有素质良好的指挥人员，使前端集中牵引的人与每个人孔中辅助牵引的人尽量同步牵引。

4）管道光缆敷设的防机械损伤

防止管道光缆敷设过程中可能对光缆所造成的机械损伤，其措施如表 12-10 所示。

表 12-10　管道光缆敷设过程中防机械损伤的措施

措施	保护用途
蛇形软管	在人孔内保护光缆： （1）从光缆盘送出光缆时，为防止被人孔角或管孔入口角摩擦损伤，采用软管保护； （2）绞车牵引光缆通过转弯点和弯曲区，采用 PE 软管保护； （3）绞车牵引光缆通过人孔中不同水平（有高差）管孔时，采用软 PE 管保护
喇叭口	光缆进管口保护： （1）光缆穿入管孔时，使用两条互连的软金属管组成保护。这两条金属管的长度分别为 1 m 和 2 m，每管的一个端头装喇叭口。 （2）光缆通过人孔进入另一管孔，将喇叭口装在牵引方向的管孔口
润滑剂	光缆穿管孔时，应涂抹中性润滑剂。当牵引 PE 护套光缆时，液体石蜡是一种较优的润滑剂，它对 PE 护套没有长期不利的影响
堵口	将管孔、子管孔堵塞，防止泥沙和鼠害

4．直埋光缆的敷设

直埋光缆的敷设流程如图 12-16 所示。

图 12-16　直埋光缆敷设流程

为便于光缆维护，一般路径标志的安装位置如下：

（1）光缆连接位置；

（2）沿同样路径敷缆但位置改变的地方；

（3）走近路方式埋设光缆的弯曲段两端；

（4）与其他建筑靠近的光缆位置。

12.5.4　楼宇（建筑物内）光缆布放

1．楼宇（建筑物内）光缆敷设的特点

（1）建筑物内光缆路径多比较曲折、狭小；

（2）一般无法用机械敷设，只能采取人工敷设方式；

（3）所有室外光缆一般均可在建筑物内敷设，特殊情况下使用阻燃型光缆或无金属光缆。

2. 楼宇（建筑物内）光缆敷设方式

1）弱电竖井敷设

在弱电竖井中敷设光缆有两种选择：向上牵引和向下垂放。通常，向下垂放比向上牵引容易些，其敷设步骤如表 12-11 所示。

表 12-11　弱电竖井向下垂放敷设步骤

步骤	内　　容
1	在离建筑顶层设备间的槽孔 1～1.5 m 处安放光缆卷轴，使卷轴在转动时能控制光缆。将光缆卷轴安置于平台上，以便保持在所有时间内光缆与卷轴心都是垂直的。放置卷轴时要使光缆的末端在其顶部，然后从卷轴顶部牵引光缆
2	转动光缆卷轴，并将光缆从其顶部牵出。牵引光缆时，要遵从不超过最小弯曲半径和最大张力的规定
3	引导光缆进入敷设好的电缆桥架中
4	慢慢地从光缆卷轴上牵引光缆，直到下一层的施工人员可以接到光缆并引入下一层
5	在每一层楼都重复以上步骤，当光缆达到最底层时，要使光缆松弛地盘在地上
6	在弱电间敷设光缆时，为了减少光缆上的负荷，应在一定的间隔上（如 1.5 m）用缆带将光缆扣牢在墙壁上

采用这种方法，光缆不需要中间支持，但捆扎光缆要小心，避免力量太大而损伤光纤或产生附加的传输损耗。固定光缆的步骤如表 12-12 所示。

表 12-12　固定光缆的步骤

步骤	内　　容
1	使用塑料扎带，由光缆的顶部开始，将干线光缆扣牢在电缆桥架上
2	由上往下，在指定的间隔（5.5 m）安装扎带，直到干线光缆被牢固地扣好
3	检查光缆外套有无破损，盖上桥架的外盖

2）桥架或线槽的敷设

从弱电竖井到配线间的光缆一般采用走吊顶（电缆桥架）或线槽（地板下）的敷设方式，具体如表 12-13 所示。

表 12-13　吊顶与线槽的敷设步骤

步骤	内　　容
1	沿着光纤敷设路径打开吊顶或地板
2	利用工具切去一段光纤的外护套，并由一端开始的 0.3 m 处环切光缆的外护套，然后除去外护套
3	将光纤加固芯切去并掩藏在外护套中，只留下纱线。对需要敷设的每条光缆重复此过程
4	将纱线与带子扭绞在一起
5	用胶布紧紧地将长 20 cm 左右的光缆护套缠住
6	将纱线馈送到合适的夹子中去，直到被带子缠绕的护套全塞入夹子中为止
7	将带子绕在夹子和光缆上，将光缆牵引到所需的地方，并留下足够长的光缆供后续使用

12.5.5　入户光缆布放

入户光缆进入用户桌面或家庭终端，有两种主要方式：86 型信息面板和家居配线箱。它们应在土建施工时预埋在墙体内，或以后在线缆的入户位置明装。

1．入户光缆敷设要求

（1）入户光缆室内走线应尽量安装在暗管、桥架或线槽内。

（2）对于没有预埋穿线管的楼宇，入户光缆可以采用钉固方式沿墙明敷；但应选择不易受外力碰撞且安全的地方。采用钉固方式时，应每隔 30 cm 用塑料卡钉固定，注意不得损伤光缆，穿越墙体时应套保护管。皮线光缆也可以在地毯下布放。

（3）在暗管中敷设入户光缆时，可采用石蜡油、滑石粉等无机润滑材料。竖向管中允许穿放多根入户光缆；水平管宜穿放一根皮线光缆，从光分纤箱到用户家庭光终端盒宜单独敷设，避免与其他线缆共穿一根预埋管。

（4）明敷上升光缆时，应选择在较隐蔽的位置；在人可以接触到的部位，应加装 1.5 m 引上保护管。

（5）线槽内敷设光缆应顺直不交叉，无明显扭绞和交叉，不应受到外力的挤压和操作损伤。

（6）光缆在线槽的进出部位、转弯处应绑扎固定，垂直线槽内的光缆应每隔 1.5 m 固定一次。

（7）桥架内光缆垂直敷设时，自光缆的上端向下，每隔 1.5 m 绑扎固定。水平敷设时，在光缆的首、尾、转弯处和每隔 5～10 m 处应绑扎固定；转弯处应均匀圆滑，其曲度半径应大于 30 mm。

（8）光缆两端应有统一的标识，且标识上应注明两端连接的位置。标签的书写应清晰、端正和正确。标签应选用不易损坏的材料。

（9）入户光缆敷设应严格做到符合"防火、防鼠、防挤压"的要求。

2．皮线光缆敷设原则

（1）牵引力不应超过光缆最大允许张力的 80%，瞬间最大牵引力不得超过光缆最大允许张力 100 N。光缆敷设完毕后应释放张力，保持自然弯曲状态。

（2）敷设过程中皮线光缆弯曲半径不应小于 40 mm。

（3）固定后皮线光缆弯曲半径不应小于 15 mm。

（4）楼层光分路箱一端预留 1 m。

（5）用户光缆终端盒一端预留 1 m。

（6）皮线光缆在户外采用挂墙方式或架空方式敷设时，可采用自承皮线光缆，应将皮线光缆的钢丝适当收紧，并牢固固定。

（7）室内型皮线光缆不能长期浸泡在水中，一般不宜直接在地下管道中敷设。

12.5.6 光纤配线设备安装

1．盒形光分路器

盒形光分路器均应为 SC/APC 法兰盘入出；为防止尾纤断裂，不使用尾纤入出形式。而且，需要确认 1 310 nm 或 1 550 nm 适用波长的正确性，以及各端口的不同分光比和连接对象。

2．室外光设备：光节点

（1）在钢绞线上吊装：对于体积、重量较大的光节点，应安装在距电杆 1.5～2 m 距离处，机壳下应有辅助托架支撑。

（2）在墙壁上的安装：

- 光节点在墙壁上安装时，需选用合适的支撑和横担，使其稳固，支撑不得松动；
- 按施工图纸指定位置安装，保持楼体的整体美观，设备排列整齐，线缆走向横平竖直；
- 光节点外壳要与墙壁紧贴，尽量缩短悬空光缆的长度，防止接头松动、缩芯；
- 光节点接地线要用支撑与横担的螺母拧紧，保证接地良好；
- 光节点应装在支架中间部位；
- 光节点应距离地面约 6 m。

（3）尾缆连接：

- 打开光节点盖子，取下光缆口堵头，并谨慎地将尾缆的光纤插头穿进光缆口。每次穿一根尾纤，并保证光纤弯曲不超过允许范围。
- 将尾缆的光缆螺套推到光节点的光缆口，光缆螺套和橡胶圈可保证拧紧时尾缆不随之转动，主体可承受扭矩为 260～310 N·m。
- 光纤光缆固定后，在接续盒内的位置要比较顺畅、宽松，然后拧紧密封螺母，密封螺母拧到其底部显现为止。最后，拧紧内螺母、防水密封螺母，一直到拧紧为止。
- 光纤熔接完成以后，按施工工艺要求对光缆进行悬挂。

（4）光节点机壳开启与关闭：光节点正面，应装在施工安全的方向，并按照外壳上标注的螺栓顺序开启。调试或做完接头后，应将所有螺栓松开、再合盖，并按照外壳上标注的顺序，分三次全部拧紧螺栓。

（5）光节点内的面板螺丝，在调试或做完接头以后，所有螺丝松开后严格按标注顺序分二次紧固，并检查螺钉是否齐全。

（6）每次关闭机壳前，填写好机壳上的调试记录表。

3．柱形光分路器

（1）柱形光分路器都是二分路器，长度约为 50 mm，直径约为 3 mm，一端为单光纤，一端为双光纤，均安装并熔接在接续盒内。

（2）柱形光分路器的根部非常脆弱，稍有硬折就会折断，因此应比光纤更加小心。

（3）确认 1 310 nm 或 1 550 nm 适用波长的正确性。

（4）确认各端口不同的分光比及连接对象。

12.6　光 纤 测 试

12.6.1　光纤布线系统的一类测试

光纤布线系统的一类测试（Tier 1，Basic Fiber Link Test），其测试参数为损耗和长度。

在现场进行的光纤链路验收测试，大家都习惯使用"衰减值"或者"损耗"来判断被测链路的安装质量，在大多数情况下这是非常有效的方法。在 ISO/IEC 11801、TIA/EIA 568B 和 GB/T 50312 等常用标准中都倾向于使用一种被称为"一类测试"（即 Tier 1）的方法，其特点是：测试参数包含"损耗和长度"两个指标，并对测试结果进行"通过/失败"的判断。一类测试只关心光纤链路的总衰减值是否符合要求，并不关心链路中的可能影响误码率的连接点（连接器、熔接点、跳线等）的质量，所以测试的对象主要是低速光纤布线链路（千兆及以下）。

一类测试（Tier 1）常常分为"通用型测试"和"应用型测试"。通用型测试关注光纤本身的安装质量，通常不对光纤的长度做出规定；而应用型测试则更关注当前选择的某项应用是否能被光纤链路所支持，通常都有光纤链路长度的限制。部分生产厂家还提供高于标准的"厂家专用型测试"。通用型测试标准和应用型测试标准之间时常会表现出"不兼容"的情况，例如：一条 700 m 长的多模光纤链路，测试的衰减值是 1.2 dBm，符合通用型测试标准的要求；但这条链路在多数情况下是不能用来运行 1000Base-SX 应用的，原因只是因为超长了（超长导致"色散"累积超标）。

12.6.2　光纤链路测试模型

1．A 模式

A 模式又称测试方法 A，其衰减测试的基本原理如图 12-17 和图 12-18 所示：先测出光源输出的光功率 P_o，再测出光功率 P_i，则光纤链路衰减值为 $P_o - P_i$。

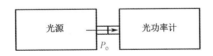

图 12-17　A 模式测试原理（一）：测出光源输出的光功率 P_o

图 12-18　A 模式测试原理（二）：测出光功率 P_i

工程上要求测试时一定要使用测试跳线。实际工程测试的原理如下：先将测试跳线用光耦合器对接，测得 P_o 并"归零"，如图 12-19（a）所示；再去掉耦合器，加入被测光纤，测得光纤衰减值，如图 12-19（b）所示。

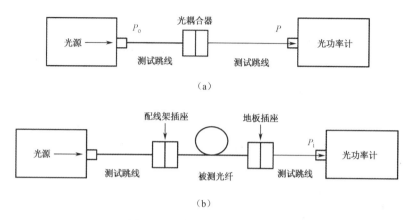

图 12-19　实际工程测试的原理

先将测试跳线用光耦合器短接，然后移去光耦合器，将测试跳线接入被测光纤链路，测出 P_i，则这根光纤链路的衰减值为 P_o–P_i。这种测试模式就叫 A 模式或测试方法 A。为了方便起见，以下的被测链路类型在举例时，我们都将以图 12-19（b）为原型（配线架模块→被测光纤链路→光纤信息插座）来进行说明。

实际按图 12-19（a）测得 P_o 后，将此 P_o 值强行设为"相对零"，即将 P_o 设置为参考值"0"（又称"归零"、设置基准值、设置基准零等）。

由于 P_o 已经等于相对"零"，所以图 12-19（b）中测得的 P_i 值就等于这条被测光纤链路的衰减值（P_o="0"，链路损耗 $L=|P_o-P_i|=|P_i|$）。

重要提示：A 模式的光纤衰减值所包含的是被测光纤本身及其一端连接器的等效衰减。

为什么工程测试一定要使用"测试跳线"呢？这是因为：光源和光功率计的测试插座在经过一定次数的插拔后会磨损，精度和稳定性会逐渐下降，在使用一定次数以后，需要更换费用较高的光源和光功率计上的插座。而采用测试跳线则可以避免这个问题；因为测试跳线的一端与光源或光功率计相连，另一端与被测光纤链路相连，装上测试跳线后，在最长一整天或者持续半天的测试工作中一般不再从仪器上拔下来，从而减少仪器插座的磨损次数。此时被频繁插拔和磨损的是测试跳线的一端，当此端被磨损到一定程度后，可随时更换测试跳线。而更换测试跳线的费用比更换仪器插座的费用要低得多（甚至达到 100 倍以上的价格差距）。

使用测试跳线的另一个好处是：在每一次测试工程中，测试跳线与光源仪器连接不再改变。因为测试跳线与测试仪接口也存在偶合偏差问题，所以参考值设定完成后，不能再改变测试跳线的仪表端连接，否则参考值的设定将失去意义。

工程测试时的建议：将测试跳线连接测试仪器的一端做好标记，每次测试时都用此端与仪器相连，以此方法来达到减少测试结果漂移，保证测试精度及测试结果稳定性的目的。

2. B 模式

B 模式又称测试方法 B。先按图 12-19（a）方式测出 P_o，并将其设为相对零功率（归零）；然后按图 12-20 所示的方式接入被测光纤链路，测得接收光功率 P_i，则 P_i 就是光纤链路的损耗值。

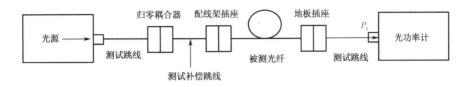

图 12-20 B 模式：归零时已包含了 3 个连接器和两段跳线的衰减

B 模式适用的被测光纤链路是在光缆的两端都带有连接器的，而实际上使用的是改进的 B 模式，即增加一条已知的短跳线。改进的 B 模式使用了 3 个连接适配器。

图 12-20 所示的测试模式通常被称为改进的 B 模式，或者称为改进的测试方法 B。

重要提示：B 模式包含被测光纤本身及其两端连接器的等效衰减值。

B 模式测试误差最小，工程上经常推荐使用这种测试模式。补偿光纤一般很短（比如 0.3 m），其衰减可以忽略不计。设置参考值这个"动作"一般在仪器开机预热 5 分钟稳定后进行；如果此前忘记"归零"，则多数测试仪器会向操作者进行"提醒"。

为什么可以直接采用归零后光功率计接收到的功率值作为光纤的损耗值？因为归零后光功率计测得的光功率值也是个相对值，光纤损耗值计算式可以是 P_i/P_o（相当于打折）；当光功率的单位用 dB 时，则可以直接将 P_i/P_o 按减法运算法则进行计算（对数运算，P_o-P_i）。又因为 P_o 被相对"归零"，故只需测出 P_i 值即可当作光纤损耗值（例如，将 P_i 的单位 dBm 换为 dB，即可作为光纤损耗值）。

3. C 模式

C 模式又称测试方法 C。如果只希望了解被测光纤本身的衰减值，而不包含光纤两端连接器的衰减，那么工程上可以按图 12-21 所示的方法先用短跳线设置基准值（归零），然后按图 12-22 所示的方法进行实际测试，则损耗值为 P_i（已归零）。这种测试模式就是 C 模式或测试方法 C。

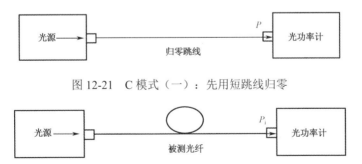

图 12-21 C 模式（一）：先用短跳线归零

图 12-22 C 模式（二）：只测试光纤的衰减，不包含两端连接器的衰减值

重要提示：C 模式只包含被测光纤本身的等效衰减值。此法不适合大批量测试，否则会过度磨损仪器插座，测试成本很高。

大批量测试可按图 12-23 先进行归零，然后用图 12-24 所示的方法进行测试。图 12-24 这种测试模式被称为改进的 C 模式或者改进的测试方法 C。

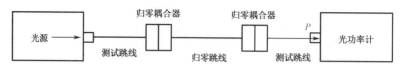

图 12-23   大批量测试光纤衰减：设置参考零时使用 0.3 m 归零跳线

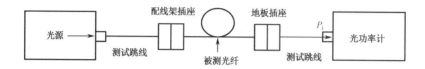

图 12-24   方法 C 中实际被测试的是一段光纤，不包含其两端连接

被测光纤越短，测试精度受耦合器耦合精度波动的影响也越大；因为短链路中光纤本身的衰减值很小，耦合器的衰减值相对于短光纤的衰减值所占"份额"比较大，因此耦合器的衰减值出现波动时所占的误差比例就比较高。由于测试时每次插拔耦合器都有可能产生耦合器衰减值的微小波动，而这些微小波动相对于整条短光纤的总衰减值来说已经可以相比拟，因此短光纤的衰减值一般不提倡用测试方法 C 进行测试。而且，测试中使用的跳线必须选用高质量的跳线。

12.6.3   测试要点

1．测试标准

在敷设综合布线系统时，事先可能不知道被测光纤链路以后会升级运行何种应用（比如，昨天运行的还是低速的 100Base-F，今天改为 1000Base-SX，明天就升级到 10GBase-SX）；所以，通用型测试是必需的"基础测试"，其测试结果作为验收文件存档。当新建网络已经规划有高速应用时，可以选择"通用型"＋"应用型"相结合的测试方法进行链路质量认证。当在实际运行中陆续增加各种应用时，需要有选择性地增加应用型测试。

需要特别指出的是：今天某项应用测试"通过"，并不意味着明天升级新应用就一定能"通过"。建议"应用型"光纤链路的测试结果"另档保存"，以便作为新安装和调整应用的依据。部分经常变更应用的用户甚至不保存应用型测试的结果，只保存通用型测试的结果。

新应用的开发者有时会有意无意地忽视原有的光纤链路是否能稳定支持新应用的问题，所以在验收合同中，宜明确规定采用何种应用测试标准和测试方法，以免引发事后争议。

在综合布线系统中进行一类测试（Tier 1）时，通用型标准目前选用 TIA/EIA 568B 和 ISO/IEC 11801 的比例比较高，这些标准也适合在 FTTX 中进行分段验收测试。应用型标准在计算机网络系统中以选择 1 Gbps 和 10 Gbps 的以太网标准比较常见。

2．测试光源

至于常用光源的选择，一般单模光纤使用典型的 1310 nm/1550 nm 激光光源，多模光纤使用典型的 850 nm/1300 nm LED 光源。对于不常用的其他波长测试，则选择对应波长的光源。比如在应用测试中，1 Gbps 和 10 Gbps 以太网大量使用的 850 nm 波长的 VECSEL 准激光光源。

12.6.4　双光纤、双向、双波长测试选择

综合布线系统在设计时考虑的都是成对地布放和使用光纤（收发信号各用一根光纤），故绝大多数情况下测试对象都是成对的光纤。标准中没有强制要求同时进行双光纤的成对测试；不过，同时进行双光纤测试，其效率比单光纤测试平均要高 4 倍以上。

由于实际使用过程中，收发光纤可能被颠倒后继续使用，即原来的发射光纤因某种原因（比如维护时弄混了发送 Tx 和接收 Rx，插错位置）可能和接收光纤互换后使用，所以在验收测试时需要对这种不可预计的使用状态预先进行双向损耗值验收测试。另外，FTTX 和电信级的光纤应用中常有使用单光纤进行单向信号传输的情况，或者使用单光纤和频分复用、密集波分复用等技术来实现单光纤双向传输信号的目的。由于器件误差、安装错误等原因，这可能造成一根光纤链路两个方向的衰减值出现较大偏差，出现信号反向传输的问题。这类应用也要求对一根光纤的极性进行测试（即双向衰减值测试）。不过，综合布线系统的测试标准中没有要求强制进行极性测试。用户需要将极性测试写进验收合同。

光纤的使用寿命比较长，因为设备更换，不同时期会有不同波长的光信号在光纤链路上传输，这就要求验收时对不同的典型波长事先进行测试。又由于光纤链路的弯曲半径对不同波长的衰减值影响是不同的，施工安装后也要求对不同波长进行测试。目前，通用型标准中一般要求是：对多模光纤进行 850 nm 和 1300 nm 波长的损耗测试，单模光纤进行 1310 nm 和 1550 nm 波长的损耗测试。

多数的（一类）光纤测试仪在设计时就考虑到了双光纤、双极性（方向）、双波长测试的需求，使用时只需进行简单设置和选择即可。

12.6.5　卷轴（心轴）光纤测试

当使用卷轴（心轴）进行多模光纤测试而需要较高精度的衰减值测试结果时，一般要求将测试跳线缠绕在一个测试卷轴（心轴）上；这是因为卷轴可以过滤多模光纤中常用的LED 光源的高次模，使得测试光源更纯净一些，可减小干扰光功率，提高仿真光源的逼真度，使测试精度更高。卷轴的过滤作用与光波长、光纤直径和卷轴的直径、缠绕的圈数都有关。表 12-14 示出了 TIA/EIA 568B.1 和 ISO/IEC TR 14763-3 等标准对卷轴的尺寸要求。卷轴的缠绕方法如图 12-25 所示。

表 12-14　TIA/EIA 568B.1 和 ISO/IEC TR 14763 等标准对卷轴的尺寸要求

被测光纤核心尺寸	标　准	缠绕卷轴圈数	用于 250 μm 缓冲光纤的卷轴直径	用于 3 mm 护套光缆的卷轴直径
50 μm	TIA/EIA 568B.1	5	25 mm（1.0 英寸）	22 mm（0.9 英寸）
	ISO/IEC TR 14763-3	5	15 mm（0.6 英寸）	15 mm（0.6 英寸）
62.5 μm	TIA/EIA 568B.1	5	20 mm（0.8 英寸）	17 mm（0.7 英寸）
	ISO/IEC TR 14763-3	5	20 mm（0.8 英寸）	20 mm（0.8 英寸）

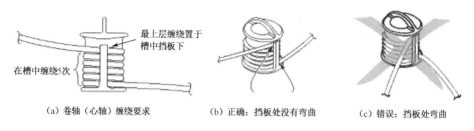

图 12-25　多模光纤测试卷轴的缠绕方法

单模光纤测试不需要使用卷轴。

图 12-26 所示为最常用的带卷轴的多模光纤测试（B 模式，归零操作）。

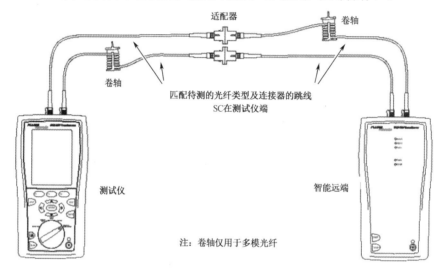

图 12-26　用卷轴测试多模光纤（B 模式，双光纤）：设置基准（归零）

图 12-27 所示为另一种最常用的带卷轴的多模光纤测试（B 模式），可以进行双光纤测试、双极性、双波长常规测试。

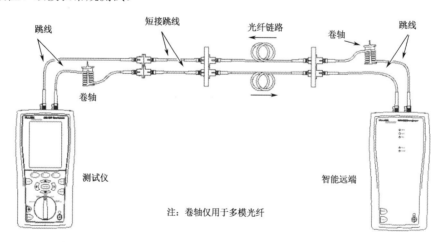

图 12-27　用卷轴测试多模光纤（B 模式，双光纤）：包含链路两端连接器的损耗值

特别提示：关于测试方法（Method，测试模式），A 模式、B 模式、C 模式的分类比较普及，但在不同的标准中的名称是有区别的。表 12-15 示出了几种标准中测试方法的不同称谓对照。

表 12-15　几种标准中测试方法的不同称谓对照

包含损耗连接器的数量	TIA/EIA 526-14A（MM）	TIA/EIA 526-7（SM）	IEC 61280-4-1	IEC 61280-4-2
1	Method A	Method A.2	Method 1	Method A2
2	Method B	Method A.1	Method 2	Method A1
无	Method C	Method A.3	Method 3	Method A3

12.6.6　测试模式和测试跳线的选择

1．测试模式的选择

如何选择光纤链路测的测试模式（方法）呢？

（1）认证/验收测试时推荐使用 B 模式。测试模式（方法）的选择，往往给甲方、乙方或者第三方测试人员带来困惑和混乱。从事测试的第三方经常遇到对多种测试结果的矛盾解释。从前面的介绍我们已经了解，工程中为了精确测试光纤链路的衰减值，应当使用改进的 B 模式，其优点是精度高、仪器接口磨损小和测试成本低，缺点是测试跳线较多。此方法多在工程验收测试时被采用，有时也用来粗略评估光纤跳线的衰减值。

（2）较长距离光纤链路可以考虑使用 A 模式，此时忽略了一个连接器的衰减值，优点是测试跳线较少、仪器接口磨损小，缺点是偏差大，适合故障诊断时临时测试光纤链路的衰减值。

（3）当需要考察较长光纤链路中光纤本身衰减值时，可选择 C 模式或改进的 C 模式，其优点是可以测试光纤本身的衰减值（不含两端接头的等效衰减），缺点是短光纤的测试误差较大、仪器接口磨损大和测试成本高，适合故障诊断时偶尔进行少量测试。

2．测试跳线的选择

如何选择测试跳线呢？

被测光纤链路两端的接插件端口有许多规格（常见的有 ST、FC、SC、FDDI 等），还有各种小型连接器（LC、VF45、MT-RT 等），但仪器上一般只有一个规格的测试接口，这就需要根据被测链路选择测试跳线。这种测试跳线的插头一端与仪器接口相同，一端与被测链路的接口相同。通过灵活选用各种测试跳线，就可以测试几乎任何接口的光纤链路。有时，也可以选择不同的光纤耦合器来进行测试，这种耦合器两端的耦合接口是不同类型的。

如果需要进行二类测试，则 OTDR（光时域反射仪）测试跳线的选择与一类测试基本相同，只是一般倾向于选择稍长的测试跳线，以便避开测试死区。为了清晰地评估第一个接入的被测光纤链路接头，还可以在被测链路前面加一段"发射补偿光纤"（提高精度并避开死区）；为了清晰地评估最后一个链路接头，可以增加一段"接收补偿光纤"。

为了保证 OTDR 接入链路后能稳定地进行测试，测试规程一般都要求在测试前清洁测试跳线和仪器端口，或者使用光纤显微镜检查测试跳线的端面质量。部分 OTDR 等仪器在开始测试前会自动评估测试跳线的端面连接质量。

12.6.7　非现场测试

某些要求较高的用户出于"疑虑"或其他原因，会提出现场测试光纤的对应等级，比如证明光纤链路符合 OM3 而不是 OM2。这种测试现场往往是难以实施的，通常只能选择在实验室进行差分模式延迟测试。建议提供工程光纤样品，请专业机构进行实验室鉴定。目前流行的做法是，仅要求产品供应商提供相关机构有效的产品"认证证明"、生产资格证明等文件。

12.6.8　测试仪器的常规操作程序

测试前需要先回答一组问题：被测链路是通用型测试（存档）还是应用型测试，是一类测试还是二类测试，是单模光纤还是多模光纤，是否需要极性测试，是否选择双波长测试，是否需要精确测试（B 模式），是否需要测试链路结构图，等等。

常见的测试仪器操作程序如下：
（1）准备测试模块和测试跳线；
（2）充电→开机→选择测试介质（单模、多模、电缆等）；
（3）选择光纤测试标准（Tier1/2、骨干、水平、通用、应用等）；
（4）确定是否需要使用卷轴（心轴，多模光纤）；
（5）设置折射率（需要时）；
（6）选择测试模式（建议 B 模式）；
（7）安装测试跳线；
（8）设置参考值（归零）；
（9）安装补偿跳线（补偿光纤）；
（10）选择测试范围（需要时）；
（11）按测试键实施测试（衰减、长度、OTDR 曲线、事件、链路结构图、端面图等）；
（12）存储数据（命名/存入）；
（13）重复完成批量测试；
（14）取出/打印/转存/处理数据；
（15）关机（或充电）。

12.7　光纤接续的过程和步骤

12.7.1　光纤熔接

光纤熔接的步骤如下：
（1）剥开光缆。将光缆固定到接续盒内。在剥开光缆之前应去除施工时受损变形的部分，使用专用开剥工具，将光缆外护套剥开长度 1 m 左右。

（2）分纤。将光纤分别穿过热缩管。将不同束管、不同颜色的光纤分开，穿过热缩管。剥去涂覆层后的光纤很脆弱，使用热缩管可以保护光纤熔接头，如图 12-28 所示。

（3）准备熔接机。打开熔接机电源，采用预置的程式进行熔接，并在使用中和使用后及时去除熔接机中的灰尘，特别是夹具、各镜面和 V 形槽内的粉尘和光纤碎末。熔接前要根据系统使用的光纤和工作波长来选择合适的熔接程序；如果没有特殊情况，一般都选用自动熔接程序。

（4）制作对接光纤端面。光纤端面制作的好坏将直接影响光纤对接后的传输质量，所以在熔接前一定要做好被熔接光纤的端面。首先用光纤熔接机配置的光纤专用剥线钳剥去光纤纤芯的涂覆层，如图 12-29 所示；再用蘸酒精的清洁棉在裸纤上擦拭几次，用力要适度；然后用精密光纤切割刀切割光纤，切割长度一般为 10～15 mm，如图 12-30 所示。

图 12-28　光纤穿过热缩管

图 12-29　用剥线钳剥去纤芯的涂覆层

（5）放置和熔接光纤。将光纤放在熔接机的 V 形槽中，小心压上光纤压板和光纤夹具，要根据光纤切割长度设置光纤在压板中的位置，一般对接光纤的切割面基本上靠近电极尖端位置。关上防风罩，按"SET"键即可自动完成熔接。需要的时间一般根据所使用的熔接机而不同，一般需要 8～10 s，如图 12-31 所示。

图 12-30　用光纤切割刀切割光纤

图 12-31　放置和熔接光纤

（6）移出光纤，用加热炉加热热缩管。拨开防风罩，把光纤从熔接机上取出，将热缩管放在裸纤中间，再放到加热炉中加热，如图 12-32 所示。加热炉可使用 20 mm 微型热缩管和 40 mm 或 60 mm 的一般热缩管，其中 20 mm 热缩管的加热时间需 40 s，60 mm 热缩管的加热时间需 85 s。

（7）盘纤固定。将接续好的光纤盘到光纤收容盘内，在盘纤时，盘圈的半径越大、弧度越大，整个线路的损耗就越小。所以，一定要保持一定的半径，使激光在光纤内传输时，避免产生不必要的损耗。

（8）密封和挂起。在野外熔接时，接续盒一定要密封好，防止进水。当熔接盒进水后，由于光纤及光纤熔接点长期浸泡在水中，可能会出现部分光纤衰减增大。最好将接续盒做好防水措施，并用挂钩挂在吊线上。至此，光纤熔接完成。

图 12-32　用加热炉加热热缩管

12.7.2　光缆接续质量检查

1．熔接过程监测

在熔接的整个过程中，都要用 OTDR 加强监测，以保证光纤的熔接质量，减小因盘纤所带来的附加损耗和封盒可能对光纤造成的损害，绝不能仅凭肉眼来判断好坏。

（1）在熔接过程中，对每一芯光纤进行实时跟踪监测，检查每一个熔接点的质量；

（2）每次盘纤后，对所盘光纤进行例检，以确定盘纤所带来的附加损耗；

（3）封接续盒前对所有光纤进行统一测定，查明有无漏测以及光纤预留空间对光纤和接头有无挤压；

（4）封盒后，对所有光纤进行最后监测，以检查封盒是否对光纤有损害。

2．降低光纤熔接损耗的措施

（1）一条线路上尽量采用同一批次的优质裸纤；

（2）光缆架设按要求进行；

（3）挑选经验丰富且训练有素的光纤接续人员进行接续；

（4）光缆的接续应在整洁的环境中进行；

（5）选用精度高的光纤端面切割器来制备光纤端面；

（6）正确使用熔接机。

12.7.3　光缆施工

多年来，光缆施工已经有了一套成熟的方法和经验。

在光缆的户外施工中，较长距离的光缆敷设，其中最重要的是选择一条合适的路径。在这里最短路径不一定就是最好的，还要注意土地的使用权，架设或地埋的可能性等。

必须有很完备的设计和施工图纸，以便施工和今后检查方便、可靠。施工中要时时注意不使光缆受到重压或被坚硬的物体扎伤。

光缆转弯时，其转弯半径要大于光缆自身直径的 20 倍。

1．户外架空光缆施工

（1）吊线托挂架空方式简单、便宜，在我国应用最广泛；但挂钩的加挂、整理较费时。

（2）吊线缠绕式架空方式较稳固，维护工作少，但需要专门的缠扎机。

（3）自承重式架空方式对线杆要求高，施工、维护难度大，造价高，国内目前很少采用。

（4）架空时，光缆引上线杆处必须加导引装置，并避免光缆拖地。光缆牵引时要注意减小摩擦力。每个杆上都要余留一段用于伸缩的光缆。

（5）要注意光缆中金属物体的可靠接地。特别是在山区、高压电网区和多雷雨地区，一般要每千米有 3 个接地点，甚至选用非金属光缆。

2．户外管道光缆施工

（1）施工前应核对管道占用情况，清洗、安放塑料子管，同时放入牵引线；

（2）计算好布放长度，一定要有足够的预留长度；

（3）一次布放长度不要太长（一般 2 km），布线时应从中间开始向两边牵引；

（4）布缆牵引力一般不大于 120 kg，而且应牵引光缆的加强心部分，并做好光缆头部的防水和加强处理；

（5）光缆引入和引出处应加顺引装置，不可直接拖地；

（6）管道光缆也要注意可靠接地。

3．直埋光缆的敷设

（1）对于直埋光缆，沟的深度要按标准进行挖掘；

（2）不能挖沟的地方可以架空或钻孔预埋管道敷设；

（3）沟底应保证平缓坚固，需要时可预填一部分沙子、水泥或支撑物；

（4）敷设时可用人工牵引或机械牵引，但要注意导向和润滑；

（5）敷设完成后，应尽快回土覆盖并夯实。

4．建筑物内光缆的敷设

（1）垂直敷设时，应特别注意光缆的承重问题，一般每两层要将光缆固定一次；

（2）光缆穿墙或穿楼层时，要加带护口的保护用塑料管，并且要用阻燃的填充物将管子填满；

（3）在建筑物内也可以预先敷设一定量的塑料管道，待以后要敷设光缆时再用牵引方法或真空法布放光缆。

12.8　光纤工程实训

任务一　光纤熔接

【任务目的】

（1）熟悉和掌握光缆的种类和区别；

（2）熟悉和掌握光缆工具的用途、使用方法和技巧；

（3）熟悉光缆跳线的种类；

（4）熟悉光缆耦合器的种类和安装方法；

（5）熟悉和掌握光纤的熔接方法和注意事项。

【任务要求】

（1）完成光缆的两端剥线，不允许损伤光缆光芯，而且长度合适；

（2）完成光缆的熔接实训，要求熔接方法正确，并且熔接成功；

（3）完成光缆在光纤熔接盒的固定；

（4）完成耦合器的安装；

（5）完成光纤收发器与光纤跳线的连接。

【任务仪器工具】

（1）光纤熔接机（如图 12-33 所示）；

（2）光纤工具箱（如图 12-34 所示）；

（3）光时域反射仪（OTDR，如图 12-35 所示）。

【任务步骤】

步骤 1： 光缆的两端剥线。

步骤 2： 光缆在熔接盒内的固定。

步骤 3： 光缆熔接。

步骤 4： 光纤耦合器的安装。

步骤 5： 完成布线系统光纤部分的连接.

步骤 6： 用光时域反射仪测试熔接效果。

图 12-33　光纤熔接机　　　　　图 12-34　光纤工具箱　　　　　图 12-35　光时域反射仪

【任务报告】

（1）以表格形式写清楚实训材料以及工具的数量、规格和用途；

（2）分步陈述实训程序或步骤以及安装的注意事项；

（3）实训体会和操作技巧。

任务二　光缆敷设

建筑群子系统的布线主要用来连接两栋建筑物网络中心的网络设备，如图 12-36 所示。建筑群子系统的布线方式有：架空布线，直埋布线，地下管道布线，隧道内电缆布线。本任务主要进行光缆架空布线。

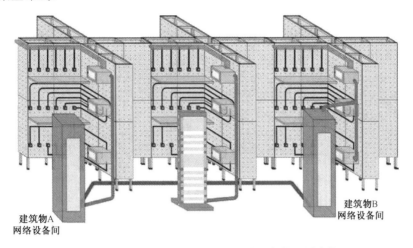

图 12-36　两栋建筑物网络中心网络设备的光纤连接

【任务目的】

通过架空光缆的安装，掌握建筑物之间架空光缆的敷设方法。

【任务要求】

（1）准备实训工具，列出实训工具清单；

（2）独立领取实训材料和工具；

（3）完成光缆的架空安装。

【任务设备、材料和工具】

（1）网络综合布线实训装置 1 套；

（2）直径 5 mm 钢缆、光缆、U 形卡、支架、拉攀、挂钩若干；

（3）锯弓、锯条、钢卷尺、十字头螺丝刀、活扳手、人字梯等。

【任务步骤】

步骤 1：准备实训工具，列出实训工具清单。

步骤 2：领取实训材料和工具，所使用材料见图 12-37 中的标注。

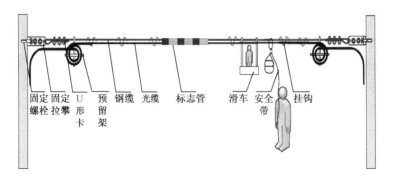

图 12-37　光缆架空布线

步骤 3：实际测量尺寸，完成钢缆的裁剪。

步骤 4：固定支架。根据设计布线路径，在网络综合布线实训装置上安装固定支架。

步骤 5：连接钢缆。安装好支架以后，开始敷设钢缆，在支架上使用 U 形卡来固定。

步骤 6：敷设光缆。钢缆固定好之后开始敷设光缆，使用挂钩，每隔 0.5 m 架一个。

【任务报告】

（1）设计一种光缆布线施工图；

（2）分步陈述实训程序或步骤以及安装注意事项；

（3）写出实训体会和操作技巧。

【拓展知识】

光缆敷设要求：

（1）光缆敷设时不应该绞结；

（2）光缆在室内布线时要走线槽；

（3）光缆在地下管道中空过时要用 PVC 管保护；

（4）光缆需要拐弯时，其曲率半径不能小于 30 cm；

（5）光缆室外地面 2 m 以下裸露部分要加钢管保护，钢管要固定牢固；

（6）光缆不要拉得太紧或太松，并要有一定的膨胀收缩余量；

（7）光缆埋地时，要加钢管保护。

任务三　光纤测试

【任务目的】

（1）理解光时域反射仪（OTDR）的原理；

（2）掌握 OTDR 测量损耗、衰减和长度的方法；

（3）学会 OTDR 故障处理。

【任务要求】

（1）测量光缆长度；

（2）测量光缆损耗、衰减；

（3）分析光缆故障。

【任务仪器工具】

光时域反射仪（OTDR）、光缆、光纤跳线、酒精、棉球。

【任务步骤】

步骤 1：测试前应对所有的光连接器件进行清洗，并将测试接收器校准至零位。

步骤 2：连接设备，如图 12-38 所示。

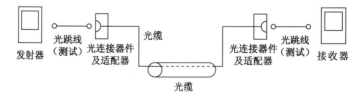

图 12-38　单芯光纤链路测试连接

步骤 3：测试距离。

根据从发送信号到返回信号所用的时间和光在玻璃物质中的传播速度，就可以计算出距离。其计算公式如下：

$$d = \frac{c \cdot t}{2n}$$

其中，c 为光在真空中传播的速度；t 为从信号发出到接收到信号（双向）的总时间；n 为折射率（光纤上标明）。

步骤 4：光纤链路预算。

光纤链路预算是指网络和应用中允许的最大信号损失量，这个值是根据网络实际情况和国际标准规定的损失量计算出来的。一条完整的光纤链路包括光纤、连接器和熔接点，所以在计算光纤链路最大损失极限时，要把这些因素全部考虑在内。光纤通信链路中光能的损耗是由光纤本身的损耗、连接器产生的损耗和熔接点产生的损耗三部分组成的。

由于光纤的长度、接头和熔接点数目的不定，造成光纤链路的测试标准不像双绞线那样是固定的，因此，对每一条光纤链路的标准都必须通过计算才能得出。光纤在各种工作波长下的衰减率，每个耦合器和熔接点的衰减，可以用以下公式计算出光纤链路的衰减极限值：

① 光纤链路衰减＝光纤衰减＋连接器衰减＋熔接点衰减；

② 光纤衰减＝连接器衰减系数（dB/km）×连接器个数；

③ 连接器衰减＝单个连接器衰减×连接器个数；

④ 熔接点衰减＝单个熔接点衰减×熔接点个数；

⑤ 衰减极限＝光纤衰减率×光纤长度（km）＋耦合器衰减×耦合器数＋熔接点衰减。

光纤的性能指标及光纤信道指标应符合设计要求。不同类型光缆的标称波长，每千米的最大衰减值应符合表 12-16 所示的规定。

表 12-16 光缆衰减规定

项 目	OM1，OM2 及 OM3 多模		OS1 单模	
波长/nm	850	1 300	1 310	1 550
最大光缆衰减 /（dB/km）	3.5	1.5	1.0	1.0

光缆布线信道在规定的传输窗口测量出的最大光衰减（介入损耗）应不超过表 12-17 所示的规定，该指标已包括接头与连接插座的衰减在内。

表 12-17 光缆信道衰减范围

级 别	最大信道衰减 / dB			
	单 模 光 纤		多 模 光 纤	
	1 310 nm	1 550 nm	850 nm	1 300 nm
OF-300	1.80	1.80	2.55	1.95
OF-500	2.00	2.00	3.25	2.25
OF-2000	3.50	3.50	8.50	4.50

☞**注意**：每个连接处的衰减值最大为 1.5 dB。

光纤链路损耗的参考值如表 12-18 所示。

表 12-18 光纤链路损耗参考值

种　类	工作波长 / nm	衰减系数 /（dB/km）
多模光纤	850	3.5
多模光纤	1 300	1.5
单模室外光纤	1 310	0.5
单模室外光纤	1 550	0.5
单模室内光纤	1 310	1.0
单模室内光纤	1 550	1.0
连接器件衰减	0.75 dB	
光纤连接点衰减	0.3 dB	

所有的光纤链路测试结果应有记录，记录在管理系统中并纳入文档管理。

第 13 章 综合布线实训

项 目 一

（总分 5490 分。第一、二、三部分为必做题，第四部分为选做题。时间 180 分钟）

本次网络综合布线技术竞赛给定一个"建筑物模型"作为综合布线系统工程实例，请各参赛队按照下面文档要求完成工程设计，并且进行安装施工和编写竣工资料。为了取得更好的成绩，建议选手首先完成必做项目，其余项目根据自己的技术实力和时间安排选做。

在图 13-1 所示的建筑物模型中，包括综合布线系统工程的建筑群子系统机柜（CD），建筑物子系统机柜（BD），建筑物楼层管理间子系统机柜（FD1、FD2、FD3）。

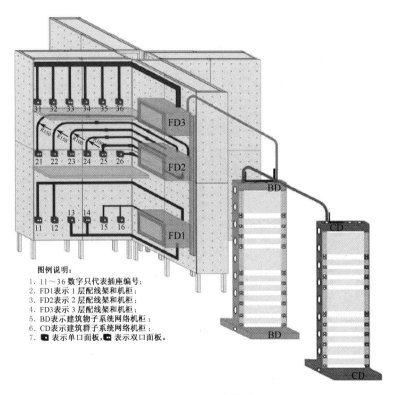

图 13-1 建筑物模型

请参赛选手特别注意图 13-1 中的下列规定：

- CD 为 1 台西元网络配线实训装置，模拟建筑群子系统网络配线机柜；
- BD 为 1 台网络配线实训装置，模拟建筑物子系统网络配线机柜；

- FD1 为 1 台壁挂式机柜，模拟建筑物 1 层网络配线子系统管理间机柜；
- FD2 为 1 台壁挂式机柜，模拟建筑物 2 层网络配线子系统管理间机柜；
- FD3 为 1 台壁挂式机柜，模拟建筑物 3 层网络配线子系统管理间机柜；
- 每个明装塑料底盒模拟 1 个房间（区域），图 13-1 中用编号为 11～36 的方块表示；
- 单口面板安装 1 个 RJ-45 网络模块；
- 双口面板安装 2 个 RJ-45 网络模块；
- 该建筑物网络综合布线系统全部使用超 5 类双绞线铜缆。

模块一　综合布线系统工程设计（必做题，1100 分）

请根据图 13-1 建筑物网络综合布线系统模型完成以下设计任务，打印并提交设计文档，裁判依据各参赛队提交的书面打印文档评分，没有书面文档的项目不得分。

任务一　编写网络信息点数量统计表（100 分）

要求使用 Excel 软件编制，表格设计合理、数量正确、项目名称正确、签字和日期完整、采用 A4 幅面打印。参考答案见表 13-1。

表 13-1　网络信息点数量统计表（数据点）

	x	x2	x3	x4	x5	x6	楼层合计	合计
3 层		1	2	1	1	1	7	
2 层	2	1	2	1	2	1	9	
1 层	2	1	1	2	1	1	8	
纵向合计	5	3	5	4	4	3	24	
合计								24

说明：①x 为模拟楼层编号，例如：3 层 x2 表示 32 号插座。② 本表全部为数据信息点。

编制人：（竞赛队编号）时间：　　年　　月　　日

任务二　设计和绘制系统图（200 分）

使用 Microsoft Office Visio 或者 AutoCAD 软件设计并绘制图 13-1 建筑物网络综合布线系统工程的系统图。要求设计正确、图面布局合理、符号标记清楚正确、说明完整、标题栏合理（包括项目名称、签字和日期），采用 A4 幅面打印 1 份。系统图参考答案见图 13-2。

任务三　设计和编写端口对应表（200 分）

根据图 13-1 和以上的设计内容，要求按照表 13-2 所示的格式编制配线子系统信息点的端口对应表。要求项目名称正确、表格设计合理、信息点编号正确、签字和日期完整，采用 A4 幅面打印 1 份。

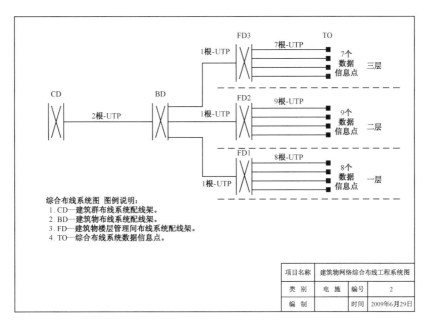

图 13-2　系统图参考答案

表 13-2　xx 项目端口对应表

序　号	工作区信息点编号	插座底盒编号	楼层机柜编号	配线架编号	配线架端口编号
1					
2					
3					

编制人：（只能签署参赛机位号）　　　　　　　　　　　　　　时间：

信息点编号必须能够独立区别每个信息点，并且包含插座底盒编号、"楼层"机柜编号、配线架编号、配线架端口编号等信息。

编号必须与图 13-1 中的插座编号相同，"楼层"机柜编号必须使用图 13-1 中对应的 FD1、FD2、FD3，配线架端口编号必须与配线架实物编号相同。端口对应表参考答案见表 13-3。

表 13-3　端口对应表参考答案

序　号	工作区信息点编号	插座底盒编号	楼层机柜编号	配线架编号	配线架端口编号
1	11-1-FD1-1-1	11	FD1	1	1
2	11-2-FD1-1-2	11	FD1	1	2
3	12-1-FD1-1-3	12	FD1	1	3
4	13-1-FD1-1-4	13	FD1	1	4
5	14-1-FD1-1-5	14	FD1	1	5
6	14-2-FD1-1-6	14	FD1	1	6
7	15-1-FD1-1-7	15	FD1	1	7

（续表）

序　号	工作区信息点编号	插座底盒编号	楼层机柜编号	配线架编号	配线架端口编号
8	16-1-FD1-1-8	16	FD1	1	8
9	21-1-FD2-1-1	21	FD2	1	1
10	21-2-FD2-1-2	21	FD2	1	2
11	22-1-FD2-1-3	22	FD2	1	3
12	23-1-FD2-1-4	23	FD2	1	4
13	23-2-FD2-1-5	23	FD2	1	5
14	24-1-FD2-1-6	24	FD2	1	6
15	25-1-FD2-1-7	25	FD2	1	7
16	25-2-FD2-1-8	25	FD2	1	8
17	26-1-FD2-1-9	26	FD2	1	9
18	31-1-FD3-1-1	31	FD3	1	1
19	32-1-FD3-1-2	32	FD3	1	2
20	33-1-FD3-1-3	33	FD3	1	3
21	33-2-FD3-1-4	34	FD3	1	4
22	34-1-FD3-1-5	35	FD3	1	5
23	35-1-FD3-1-6	36	FD3	1	6
24	36-1-FD3-1-7	37	FD3	1	7

编制人：（只能签署参赛机位号）　　　　　　　　　　　　时间：

任务四　设计安装施工图（400分）

使用 Microsoft Office Visio 或者 AutoCAD，将图 13-1 所示的工程项目立体示意图，设计并绘制成平面施工图，要求全部施工图按照 A4 幅面设计，可以采用多张图纸，并且分别打印 1 份，不允许使用立体图。设备和器材规格必须符合本比赛题中的规定，器材和安装位置等尺寸现场实际测量。要求包括以下内容：

（1）CD-BD-FD-TO 布线路由、设备位置和尺寸正确；

（2）机柜和插座位置、规格正确；

（3）图面的设计和布局合理，位置尺寸标注清楚正确；

（4）图形符号规范，说明正确、清楚；

（5）标题栏完整，签署参赛队机位号。

参考答案：分别如图 13-3、图 13-4 和图 13-5 所示。

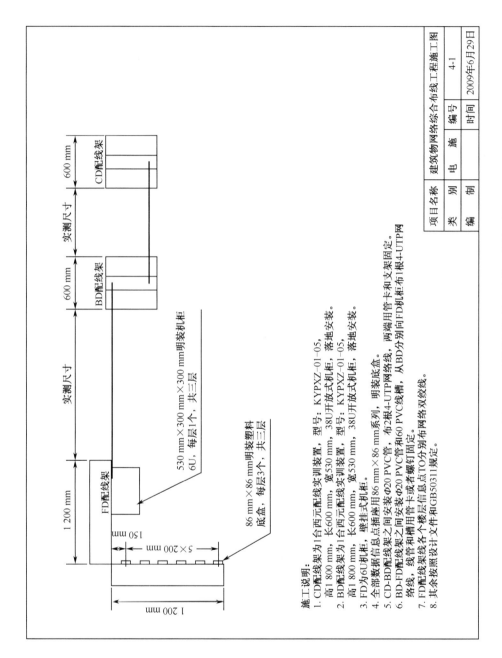

施工说明：
1. CD配线架为1台西元配线实训装置，型号：KYPXZ-01-05，高1 800 mm，长600 mm，宽530 mm，38U开放式机柜，落地安装。
2. BD配线架为1台西元配线实训装置，型号：KYPXZ-01-05，高1 800 mm，长600 mm，宽530 mm，38U开放式机柜，落地安装。
3. FD为6U机柜，壁挂式机柜。
4. 全部数据信息点插座用86 mm×86 mm系列，明装底盒。
5. CD-BD配线架之间安装Φ20 PVC管，布2根4-UTP网络线，两端用管卡和支架固定。
6. BD-FD配线架之间安装Φ20 PVC管和60 PVC线槽，从BD分别向FD机柜布1根4-UTP网络线，线管和线槽用管卡或者螺钉固定。
7. FD配线架线各个楼层信息点TO分别布网络双绞线。
8. 其余按照设计文件和GB50311规定。

项目名称		建筑物网络综合布线工程施工图
类　别	电　施	编号	4-1
编　制		时间	2009年6月29日

图 13-3　建筑物网络综合布线工程施工图 1

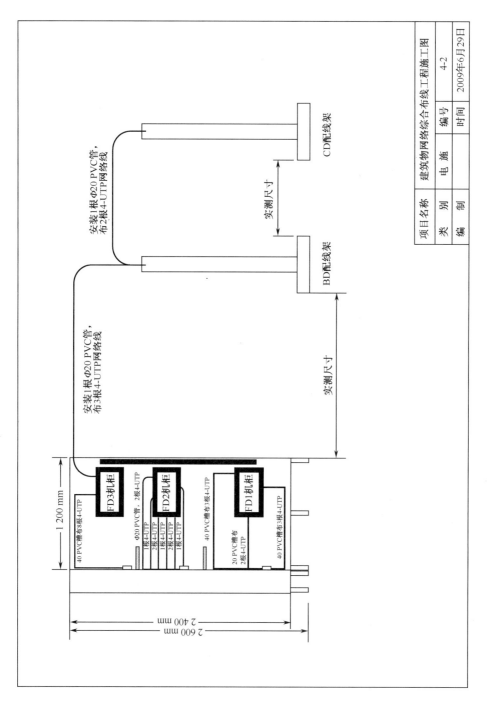

图 13-4 建筑物网络综合布线工程施工图 2

项目名称		建筑物网络综合布线工程施工图	
类 别	电 脑	编号	4-2
编 制		时间	2009年6月29日

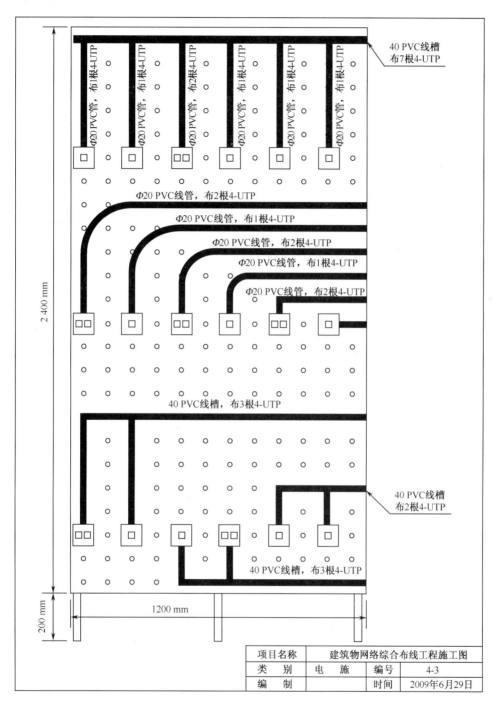

图 13-5　建筑物网络综合布线工程施工图 3

任务五 编制材料预算表（200 分）

要求按照表 13-4 的格式，依据 IT 行业预算方法，编制该工程项目材料预算表。材料名称、规格和单价等请参考表 13-5，表中没有列出的材料，该预算中不予考虑。要求材料名称和规格／型号正确，数量合理、单价和计算正确。采用 A4 幅面打印 1 份。工程项目材料预算表参考答案见表 13-6。

表 13-4 XXX 项目材料预算表

序 号	材 料 名 称	材料规格／型号	数 量	单 位	单价／元	小 计	用 途 说 明
	直接材料费合计						

编制人：（只能签署参赛机位号）   时间：

表 13-5 网络综合布线工程常用器材名称／规格和参考价格表

序 号	材 料 名 称	材料规格／型号	单价／元	用 途 说 明
1	配线实训装置	KYPXZ-01-05	30 000	开放式机架，模拟 CD 和 BD 配线架
2	网络机柜	19 英寸 6U	600	网络管理间，安装网络设备
3	网络配线架	19 英寸 1U 24 口	300	网络配线
4	理线架	19 英寸 1U	100	理线
5	明装底盒	86 型	3	信息插座用
6	网络面板	双口	4	信息插座用
7		单口	4	信息插座用
8	网络模块	超 5 类，RJ-45	15	信息插座用
9	网络双绞线	超 5 类，4-UTP	2	网络布线
10	PVC 线槽／配件	60 mm×22 mm 线槽	15	垂直布线用
11		60 mm×22 mm 堵头	4	PVC 线槽用
12	PVC 线槽／配件	39 mm×18 mm 线槽	4	水平布线用
13		39 mm×18 mm 堵头	2	PVC 线槽
14		20 mm×10 mm 线槽	2	水平布线用
15		20 mm×10 mm 角弯	1	PVC 线槽拐弯用
16		20 mm×10 mm 阴角	1	PVC 线槽拐弯
17	PVC 线管／配件	直径 20 mm 线管	2	布线用
18		直径 20 mm 直接头	1	连接 PVC 线管
19		直径 20 mm 弯头	1	连接 PVC 线管
20		直径 20 mm 塑料管卡	2	固定 PVC 线管
21	水晶头	超 5 类，RJ-45	1	制作跳线等
22	螺丝	M6×16	0.5	固定用

表 13-6　工程项目材料预算表

序　号	材料名称	材料规格 / 型号	数　量	单　位	单价 / 元	小　计	用途说明
1	CD 配线机架	KYPXZ-01-05	1	台	30 000	30 000	模拟 CD 机柜
2	BD 配线机架	KYPXZ-01-05	1	台	30 000	30 000	模拟 BD 机柜
3	网络机柜	19 英寸 6U	3	台	600	1 800	FD 管理间机柜
4	网络配线架	19 英寸 1U 24 口	3	台	300	900	网络连接
5	理线架	19 英寸 1U	3	个	100	300	机柜内理线
6	明装底盒	86 型	18	个	3	36	信息插座用
7	网络面板	双口	6	个	4	24	信息插座用
8		单口	12	个	4	48	信息插座用
9	网络模块	超 5 类，RJ-45	25	个	15	360	信息插座用
10	网络双绞线	超 5 类，4-UTP	150	米	2	300	网络布线
11	PVC 线管	直径 20 mm 线管	18	米	2	36	水平布线用
12	PVC 管接头	直径 20 mm 直接头	10	个	1	10	连接 PVC 线管
13		直径 20 mm 弯头	4	个	1	4	连接 PVC 线管
14	PVC 管卡	直径 20 mm	60	个	2	120	固定 PVC 线管
15	连接块	5 对连接块	10	个	5	50	网络端接使用
16	水晶头	超 5 类　RJ-45	33	个	0.5	16.5	制作跳线等
17	辅助材料	标签、牵引丝等	配套		500	500	网络布线辅助用料
	直接材料费合计					64 588.5	

模块二　工程安装部分（必做题，3 120 分）

任务一　测试网络跳线制作和线序（300 分）

现场制作 6 根超 5 类双绞线跳线，其中：

- 4 根为 568B 线序，每根长度 600 mm；
- 2 根为 568A-568B 线序，每根长度为 500 mm。

制作完毕后在图 13-1 所示标有 BD 的西元配线实训装置（型号 KYPXZ-01-05）上进行线序和通断测试。

要求：

- 跳线长度符合要求，线序正确；
- 压接护套到位，剪掉牵引线。

特别要求：必须在竞赛开始后 90 min 内制作完成，并将做好的跳线摆放在工作台上，供裁判组评判。

任务二　测试链路和线序（400 分）

按照图 13-6 所示位置，在标记 CD 的配线实训装置上，从左向右依次完成 4 组测试链路端接，不允许中间留空。要求：

- 每段双绞线长度合适，端接处拆开长度合适，端接位置合适、线序正确，剪掉牵引线。
- 每组包括 3 根跳线和端接 6 次。其中，5 对连接块上、下端接共 2 次，RJ-45 头端接 3 次（568B），RJ-45 模块端接 1 次。

任务三　端接永久链路和模块（600 分）

按照图 13-7 所示在标有 CD 的配线实训装置上完成 6 组复杂永久链路布线和端接，端接次序从左向右，不允许中间留空。

要求：每段双绞线长度合适，端接处拆开双绞线长度合适、端接位置合适、线序正确、剪掉牵引线。每组 3 根跳线，端接 6 次，其中：

- 5 对连接块端接共 4 次；
- RJ-45 头端接（568B 线序）1 次；
- RJ-45 模块端接 1 次。

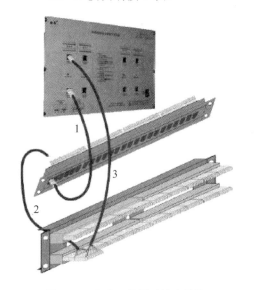 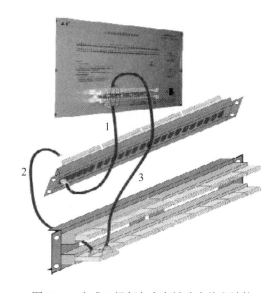

图 13-6　完成 4 组测试链路端接　　　　　　图 13-7　完成 6 组复杂永久链路布线和端接

任务四　安装工作区子系统（170 分）

按照图 13-1 所示位置，完成 11 到 16，21 到 26 网络插座信息点的安装，要求位置正确，按照端口对应表编号，把工作区信息点标记清楚。

任务五　FD1 水平子系统的布线安装（600 分）

按照图 13-1 所示位置完成 FD1 配线子系统线槽安装和布线。全部使用 PVC 线槽，要求安装位置正确，固定牢靠，接头整齐美观，接缝间隙必须小于 1 mm，布线施工规范合理。

图 13-1 中 11、12、13、14 插座的水平布线路由使用宽度为 39 mm 的 PVC 线槽，拐角和弯头按照图 13-8 和图 13-9 的形式现场制作。

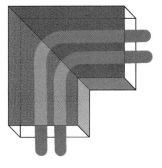

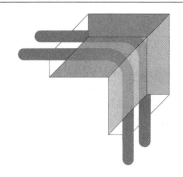

图 13-8　水平弯头制作示意图　　　　　　　　图 13-9　阴角弯头制作示意图

图 13-1 中 15、16 插座的水平布线路由使用宽度为 20 mm 的 PVC 线槽，使用成品弯头安装和布线。

任务六　FD2 水平子系统的布线安装（600 分，每个路由 100 分）

按照图 13-1 所示位置，使用 Φ20 PVC 线管和配件完成 FD2 配线子系统安装和布线，布线施工规范合理。

图 13-1 中 21、22、23、24 插座的水平布线路由采用自制弯头，拐弯曲率半径如图 13-1 所示。

图 13-1 中 25、26 插座的水平布线路由使用 Φ20 PVC 线管和成品弯头。

任务七　安装和端接管理间子系统（200 分，每个机柜 100 分）

按照图 13-10 所示，完成 FD1、FD2 机柜内配线架和理线架的安装及端接。

任务八　建筑物子系统的布线安装（150 分）

请按照图 13-1 所示，完成建筑物子系统的布线安装。

从标识为 BD 的配线装置向 FD3 机柜安装 1 根 Φ20 PVC 线管。从 FD3 机柜经 FD2 向 FD1 机柜垂直安装 1 根宽度 60 mm 线槽，两端安装堵头。

从 BD 向 FD3、FD2、FD1 机柜分别安装 1 根网络双绞线，并且按照已经标记的端口完成端接。

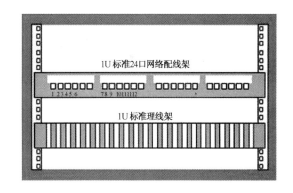

图 13-10　机柜内设备安装位置图

任务九　建筑群子系统布线安装（100 分）

请按照图 13-1 所示，完成建筑群子系统的布线安装。

从标识为 CD 向 BD 的配线实训装置安装 1 根 Φ20 PVC 线管和 2 根网络双绞线，端接到已经标记的端口。

模块三 工程管理项目（必做题，500分）

任务一 竣工资料（200分）

根据设计和安装施工过程，编写项目竣工总结报告，要求报告名称正确，封面竞赛组编号正确，封面日期正确，内容清楚、完整。竣工资料全部为书面打印文件，独立装订，且完整美观。

任务二 施工管理（300分）

施工安全、分工合理、配合默契、合理用料、现场整洁。

模块四 工程安装部分（选做题，770分）

任务一 安装工作区子系统（70分）

按照图13-1所示完成31到36网络插座信息点的安装。

任务二 FD3水平子系统的布线安装（600分）

请按照图13-1所示完成安装布线。图13-1中FD3横向布线路由使用宽度39 mm的PVC线槽，拐角和弯头按照图13-8和图13-9的形式现场制作，使用成品堵头。图13-1竖向布线路由全部使用 Φ20 PVC线管。

任务三 管理间子系统的安装和端接（100分）

按照图13-10所示，完成FD3机柜内配线架和理线架的安装及端接。

项 目 二

（总分5980分，时间180分钟）

模块一 综合布线工程设计项目（900分）

请按照图13-11建筑模型立体图，完成增加网络综合布线系统的工程设计。

设计要符合GB 50311—2016《综合布线系统工程设计规范》，按照超5类系统，满足当前网络办公、管理和教学需要，争取以最低成本完成该项目。

裁判依据各参赛队提交的书面打印文档评分，没有书面文档的项目不得分。

全部书面竞赛作品，只能填写竞赛组编号进行识别，不得填写任何名称或者任何形式的识别性标记。如果出现地区、校名、人名等其他任何与竞赛队有关的识别信息，竞赛试卷和作品作废，按照零分对待，并且由大赛组委会进行处理。

参赛选手根据图13-11建筑模型图完成该部分工程设计内容。

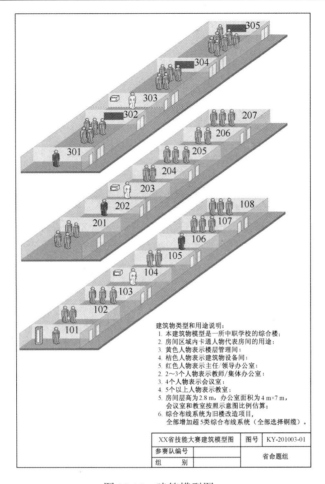

图 13-11　建筑模型图

任务一　完成网络信息点数量统计表（200 分）

要求使用 Excel 软件编制，信息点设置合理，表格设计合理、数量正确、项目名称准确、签字和日期完整、采用 A4 幅面打印 1 份。

任务二　设计和绘制该网络综合布线系统图（100 分）

要求使用 Microsoft Office Visio 或者 AutoCAD 软件，图面布局合理、图形正确、符号标记清楚、连接关系合理、说明完整、标题栏合理（包括项目名称、签字和日期），采用 A4 幅面打印 1 份。

任务三　完成该网络综合布线系统施工图（300 分）

图 13-11 电子版文件已经安装在各竞赛机位的电脑中，保存在电脑桌面，文件名为"西元建筑模型立体图.vsd"。请参赛选手在该 Microsoft Office Visio 图中直接添加设计，不需要重新绘图。将设计作品按照 A4 幅面打印 1 份。

要求设备间、管理间、工作区信息点位置选择合理，器材规格和数量配置合理。垂直子系统、水平子系统布线路由合理，器材选择正确。文字说明清楚、正确。标题栏完整并且签署参赛队机位号和日期。

实际网络综合布线系统工程的设计一般使用 AutoCAD 软件，本竞赛题只为快速考察选手的设计知识，因此使用了 Microsoft Office Visio 软件。

任务四　编制该网络综合布线系统端口对应表（300 分）

要求按照表 13-7 的格式编制该网络综合布线系统端口对应表。要求项目名称准确，表格设计合理，信息点编号正确，签字和日期完整，采用 A4 幅面打印 1 份。

表 13-7　综合布线系统端口对应表

序号	信息点编号	工作区编号	楼层机柜编号	配线架编号	配线架端口编号
1					
2					

编制人：（只能签署参赛机位号）　　　　　　　　时间：

每个信息点编号必须具有唯一的编号，编号有顺序和规律，只能使用数字，方便施工和维护。信息点编号内容和格式如下：工作区编号-网络插口编号-楼层机柜编号-配线架编号-配线架端口编号等信息。

模块二　网络配线端接部分（1 040 分）

网络配线端接在西元网络配线实训装置（产品型号 KYPXZ-01-05）上进行，每个竞赛队 1 台设备，具体请按照题目要求和图中表示的位置进行端接。

安装操作方法请参考西安开元电子实业有限公司的产品说明书。

任务一　网络跳线制作和测试（100 分）

完成 4 根网络跳线制作，包括：1 根 568B 线序，长度为 400 mm；1 根 568A 线序，长度为 500 mm；2 根 568A-568B 线序，长度为 600 mm。

完成后必须在图 13-12 所示的西元网络配线实训装置上进行线序和通断测试。

每根跳线 25 分，要求长度、线序、端接正确，并剪掉牵引线。

要求竞赛开始后 60 分钟内完成，摆放在工作台上，供裁判组评判。

任务二　完成基本测试链路端接（200 分）

在图 13-12 所示的西元网络配线实训装置上，并排完成 2 组基本测试链路的布线和模块端接，路由见图 13-13。

每组链路 100 分，要求：

（1）每组包括 2 根跳线和端接 4 次，其中 RJ-45 头端接 3 次，RJ-45 模块端接 1 次；

（2）线序和端接正确、电气连通、每根跳线的长度和剥线长度合适，并剪掉牵引线；

（3）从西元网络配线实训装置 10U 处 RJ-45 配线架的第一个端口模块顺序端接。

图 13-12　西元网络配线实训装置

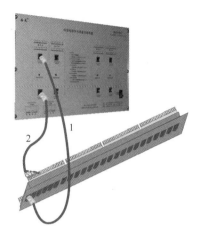

图 13-13　基本链路端接路由

任务三　完成复杂测试链路端接（270 分）

在图 13-12 所示的西元网络配线实训装置上并排完成 2 组复杂测试链路的布线和模块端接，路由见图 13-14。

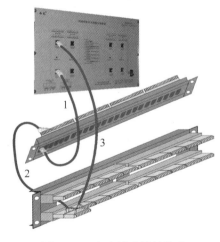

图 13-14　复杂链路端接路由

每组链路 135 分，要求：

（1）每组包括 3 根跳线和端接 6 次，其中包括 110 型 5 对连接块端接 2 次，RJ-45 头端接 3 次，RJ-45 模块端接 1 次。

（2）线序和端接正确、电气连通、每根跳线的长度和剥线长度合适，并剪掉牵引线。

（3）从西元网络配线实训装置 10U 处 RJ-45 配线架的第 3 个端口模块顺序端接。

任务四　完成基本网络配线端接（200 分）

在图 13-12 所示的西元网络配线实训装置（产品型号 KYPXZ-01-05）上并排完成 2 组基本网络配线的布线和模块端接，路由见图 13-15。

每组链路 100 分，要求：

（1）每组包括 2 根跳线和端接 4 次，其中 110 型 5 对连接块端接 2 次，RJ-45 头端接 1 次，RJ-45 模块端接 1 次。

（2）线序和端接正确、电气连通、每根跳线的长度和剥线长度合适，并剪掉牵引线。

（3）从西元网络配线实训装置 24U 处 RJ-45 配线架的第一个端口模块顺序端接。

任务五　完成复杂网络配线端接（270 分）

在图 13-12 所示的西元网络配线实训装置（产品型号 KYPXZ-01-05）上并排完成 2 组复杂网络配线的布线和模块端接，路由见图 13-16。

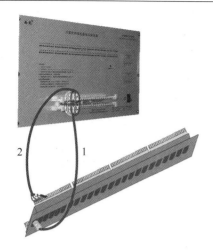

图 13-15　简单配线端接路由

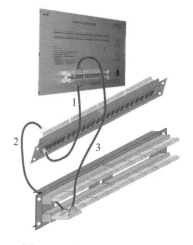

图 13-16　复杂配线端接路由

每组链路 135 分，要求：

（1）每组包括 3 根跳线和端接 6 次，其中 110 型 5 对连接块端接 3 次，RJ-45 头端接 1 次，RJ-45 模块端接 1 次。

（2）线序和端接正确、电气连通、每根跳线长度、剥线长度合适，并剪掉牵引线。

（3）从西元网络配线实训装置 24U 处 RJ-45 配线架的第 3 个端口模块顺序端接。

模块三　布线安装部分（3540 分）

布线安装施工在西元网络综合布线实训装置（产品型号 KYSYZ-08-0833）上进行，每个竞赛队 1 个区域角。

☞注意：安装部分可能使用电动工具并需要登高作业，特别要求参赛选手注意安全用电和规范施工，登高作业时首先认真检查和确认梯子安全可靠，双脚不得高于地面 1 m，而且必须 2 个人合作，1 个人操作，1 个人保护。

安装操作方法请参考西安开元电子实业有限公司的产品说明书。

具体路由连接请按照题目要求和图 13-17 中表示的位置。

按照图 13-17 所示位置，完成 FD 配线子系统的线槽、线管、底盒、模块、面板的安装，同时完成布线端接。要求横平竖直，位置和曲率半径正确，接缝不大于 1 mm。

每层第 1 个插座模块的双绞线，端接到机柜内配线架的 1、2 口，其余顺序端接。

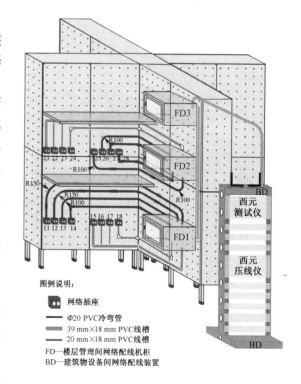

图 13-17　BD-FD-TO 网络综合布线系统示意图

具体包括如下任务：

任务一　FD1 配线子系统线槽／线管安装和布线（1 620 分）

完成以下指定路由的安装和布线。

（1）11～13 插座布线路由：使用 Φ20 PVC 冷弯管和直接头，并且自制弯头，按照图示曲率半径要求安装线管和布线。

（2）14 插座布线路由：使用 Φ20 PVC 冷弯管、直接头、弯头安装线管和布线。

（3）15 插座布线路由：使用 39 mm×18 mm PVC 线槽，自制弯头安装线槽和布线。接头制作要求分别见图 13-18 和图 13-19。

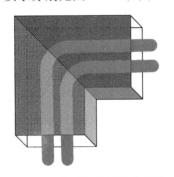
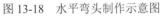
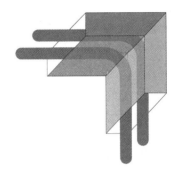

图 13-18　水平弯头制作示意图　　　　　　　图 13-19　阴角弯头制作示意图

（4）16～17 插座布线路由：使用 39 mm×18 mm 和 20 mm×14 mm PVC 线槽组合安装线槽和布线。

（5）18 插座布线路由：使用 20 mm×14 mm PVC 线槽和成品弯头、阴角安装线槽和布线。

（6）完成 FD1 机柜内网络配线架的安装和端接。要求设备安装位置合理、剥线长度合适、线序和端接正确，预留线缆长度合适，剪掉牵引线。

☞注意：不允许给底盒开孔将 PVC 线管直接插入，只能使用预留进线孔。

任务二　FD2 配线子系统线槽／线管安装和布线（1 620 分）

完成以下指定路由的安装和布线。

（1）21 插座布线路由：使用 39 mm×18 mm PVC 线槽，自制弯头安装，只允许使用一个成品弯头。接头制作要求如图 13-18 和图 13-19 所示。

（2）22 和 23 插座布线路由：使用 39 mm×18 mm 和 20 mm×14 mm PVC 线槽组合安装线槽和布线。

（3）24 插座布线路由：使用 20 mm×14 mm PVC 线槽和成品弯头、阴角安装线槽和布线。

（4）25 和 26 插座布线路由：使用 Φ20 PVC 冷弯管和直接头，并且自制弯头，按照图示曲率半径要求安装线管和布线。

（5）27 和 28 插座布线路由：使用 Φ20 PVC 冷弯管、直接头、弯头安装线管和布线。

（6）完成 FD2 机柜内网络配线架的安装和端接。要求设备安装位置合理、剥线长度合适、线序和端接正确，预留线缆长度合适，剪掉牵引线。

任务三　建筑物子系统安装和布线（300 分）

从标识为 BD 的西元配线实训装置向 FD3 机柜安装 1 根 Φ20 PVC 线管，再从 FD1 机柜经 FD2 向 FD3 机柜垂直安装 1 根 39 mm×18 mm 线槽，两端安装堵头。

将 BD 端 Φ20 PVC 线管用 L 型支架和管卡固定在 BD 配线架顶部。

从 BD 向 FD1、FD2 机柜分别安装 1 根网络双绞线，BD 端将 2 根网络双绞线分别端接到该设备上面的配线架（10 或 11U 处）第 20、21、22 口对应的模块。

FD1、FD2 机柜内网络双绞线分别端接在配线架的第 24 口对应的模块。

模块四　工程管理项目（500 分）

任务一　编写竣工资料（300 分）

根据设计和安装施工过程，编写项目竣工总结报告，要求报告名称正确、封面竞赛组编号正确、封面日期正确、内容清楚和完整。

整理全部设计文件等竣工资料，独立装订，且完整美观。

任务二．施工管理（200 分）

要求：施工安全、分工合理、配合默契、合理用料现场整洁。

步骤 1：完成网络信息点数量统计表。

（1）统计网络信息点数量。

首先在表格第 1 行填写文件名称，第 2 行填写房间或者区域编号，第 3 行填写数据点和语音点。一般数据点在左栏，语音点在右栏，其余行对应楼层，注意每个楼层按照两行，其中一行为数据点，一行为语音点，同时填写楼层号，楼层号一般按照第 1 行为顶层，最后 1 行为 1 层，最后 2 行为合计。然后编制列，第 1 列为楼层编号，其余为房间编号，最右边 3 列为合计。

（2）填写数据和语音信息点数量。

按照网络综合布线工程模型，把每个房间的数据点和语音点数量填写到表格中。填写时逐层逐房间进行，从楼层的第 1 个房间开始，逐房间分析应用需求和划分工作区，确认信息点数量。

在每个工作区首先确定网络数据信息点的数量，然后考虑语音信息点的数量，同时还要考虑其他智能化和控制设备的需要，例如，在门厅要考虑指纹考勤机、门警系统等网络接口。表格中对于不需要设置信息点的位置不能空白，而是填写 0，表示已经考虑过这个点，如表 13-8 所示。

步骤 2：设计和绘制该网络综合布线系统图（100 分）。

布线系统图的答案，如图 13-20 所示。

表 13-8 信息点数量统计表

房间号 楼层号		X1		X2		X3		X4		X5		X6		X7		合 计		
		TO	TP	TO	TP	TO	TP	TO	TP	TO	TP	TO	TP	TO	TP	TO	TP	总计
三层	TO																	
	TP																	
二层	TO																	
	TP																	
一层	TO																	
	TP																	
合计	TO																	
	TP																	
总计																		

编写：   审核：   审定：   年 月 日

说明：TO 为数据点，TP 为语音点。

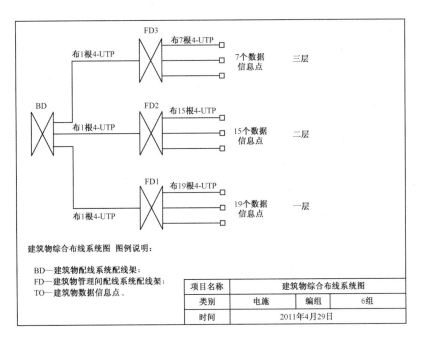

图 13-20 布线系统图

步骤 3：设计施工图。

施工图设计就是规定布线路由在建筑物中安装的具体位置，因为布线路由取决于建筑物的结构和功能，布线管道一般安装在建筑立柱和墙体中，一般使用平面图。

施工图设计的一般要求如下。

（1）图形符号必须正确。施工图设计的图形符号，首先要符合相关建筑设计标准和图集规定。

（2）布线路由正确合理。施工图设计了全部线缆和设备等器材的安装管道、安装路径、安装位置等，它决定了工程项目的施工难度和成本。例如水平子系统中电缆的长度和拐弯数量等，电缆越长，拐弯可能就越多，布线难度就越大，对施工技术就有较高的要求。

（3）位置设计正确合理。在施工图中，对穿线管、网络插座、桥架等的位置设计要合理，符合相关标准规定。例如网络插座安装高度，一般为距离地面 300 mm。但是对于学生宿舍等特殊应用场合，为了方便接线，网络插座一般设计在桌面高度以上位置。

（4）说明完整。

（5）图面布局合理。

（6）标题栏完整。

（7）绘制施工图，创建 Microsoft Office Visio 绘图文件。首先打开建筑模型图，另存为"建筑模型设计施工图"，把图面设置为 A4 横向，比例为 1:10，单位为mm。参考答案见图 13-21。

在实际施工图设计中，综合布线部分属于弱电设计工种，不需要画建筑物结构图，只需在前期土建和强电设计图中添加综合布线设计内容。

步骤 4：编制端口对应表。

综合布线工程信息点端口对应表应该在进场施工前完成，并且打印带到现场，方便现场施工编号。端口对应表是综合布线施工必需的技术文件，主要规定房间编号，每个信息点的编号、配线架编号、端口编号、机柜编号等，主要用于系统管理、施工方便和后续日常维护。端口对应表编制要求如下：

（1）表格设计合理。

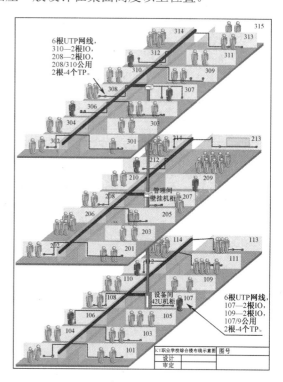

图 13-21 施工图

一般使用 A4 幅面竖向排版的文件，要求表格打印后，表格宽度和文字大小合理，编号清楚，特别是编号数字不能太大或者太小，一般使用小四号字或五号字。端口对应表设计如表 13-9 所示。

表 13-9 综合布线教学模型端口对应表

项目名称：　　　　　建筑物名称：　　　　　楼层：　　　　　文件编号：

序　　号	信息点编号	机 柜 编 号	配线架编号	配线架端口编号	插座底盒编号	房 间 编 号

编制人签字：　　　　　审核人签字：　　　　　审定人签字：

编制单位：　　　　　　　　　　　　时间：　　　年　　月　　日

（2）编号正确。

信息点端口编号一般由数字+字母串组成，编号中必须包含工作区位置、端口位置、配线架编号、配线架端口编号、机柜编号等信息，能够直观反映信息点与配线架端口的对应关系。

（3）文件名称正确。

端口对应表可以按照建筑物编制，也可以按照楼层编制，或者按照 FD 配线机柜编制。无论采取哪种编制方法，都要在文件名称中直接体现端口的区域，直接反映该文件的内容。

（4）签字和日期正确。

作为工程技术文件，编写、审核、审定、批准等人员签字非常重要，如果没有签字就无法确认该文件的有效性，也没有人对文件负责，更没有人敢使用。日期直接反映文件的有效性，因为在实际应用中，可能会经常修改技术文件，一般是最新日期的文件替代以前日期的文件。完成的端口对应表如表 13-10 所示。

表 13-10　综合布线端口对应表

序　号	信息点编号	机柜编号	配线架编号	配线架端口编号	插座底盒编号	房间编号
1	DF1-1-1-1Z-11	DF1	1	1	1	11
2	DF1-1-2-1Y-11	DF1	1	2	1	11
3	DF1-1-24-1Y-17	DF1	1	3	2	17

编制人签字：　　　　　　审核人签字：　　　　　　审定人签字：

编制单位：　　　　　　　　　　　　　　时间：　　　　年　月　日

项　目　三

（总分 3030 分，时间 180 分钟）

模块一　综合布线工程设计项目（600 分）

近年来，旧楼改造中增加的网络综合布线系统工程项目越来越多，请按照图 13-22 某网络培训中心综合楼建筑模型立体图，完成增加网络综合布线系统的工程设计。设计应符合 GB 50311—2016《综合布线系统工程设计规范》，按照超 5 类系统，满足当前网络办公、管理和教学需要，争取以最低成本完成该项目，不考虑语音系统。

裁判依据各参赛队提交的书面打印文档评分，没有书面文档的项目不得分。具体设计内容和要求如下：

任务一　完成网络信息点数量统计表（200 分）

要求使用 Excel 软件编制，信息点设置合理、表格设计合理、数量正确、项目名称准确、签字和日期完整，采用 A4 幅面打印 1 份。

任务二　设计和绘制该网络综合布线系统图（100 分）

要求使用 Microsoft Office Visio 或者 AutoCAD 软件、图面布局合理、图形正确、符号标记清楚、连接关系合理、说明完整、标题栏合理（包括项目名称、签字和日期），采用 A4 幅面打印 1 份。

任务三　完成该网络综合布线系统施工图（300 分）

图 13-22 的 Microsoft Office Visio 电子版已经安装在各竞赛机位的电脑中，保存在电脑桌面，文件名为"西元网络培训中心综合楼建筑模型立体图.vsd"。请参赛选手在该 Microsoft Office Visio 图中直接添加设计，不需要重新绘图。请将设计作品保存成图片格式，按照 A4 幅面打印 1 份。

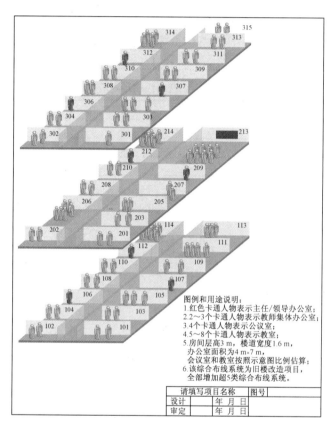

图 13-22　网络培训中心综合楼建筑模型立体图

要求设备间、管理间、工作区信息点位置选择合理，器材规格和数量配置合理。垂直子系统、水平子系统布线路由合理，器材选择正确。文字说明清楚和正确。标题栏完整并且签署参赛队机位号和日期。

说明：实际网络综合布线系统工程的设计一般使用 AutoCAD 软件，本竞赛题只为快速考察选手的设计知识，因此使用了 Microsoft Office Visio 软件。

模块二　网络配线端接部分（640 分）

网络配线端接在西元网络配线实训装置（产品型号 KYPXZ-01-05）上进行，如图 13-23

所示。每个竞赛队 1 台设备，具体请按照题目要求和图中表示的位置进行设置。

安装操作方法请参考西安开元电子实业有限公司的产品说明书。

任务一　网络跳线制作和测试（100 分）

完成 5 根网络跳线制作，其中 3 根 568B 线序，长度为 450 mm，2 根 568A-568B 线序，长度为 600 mm。

每根跳线 20 分，其中长度正确 5 分，线序正确 5 分，端接正确 5 分，剪掉牵引线 5 分。

完成后也必须在图 13-23 所示的西元网络配线实训装置（产品型号 KYPXZ-01-05）上进行线序和通断测试。

要求在竞赛开始后 60 min 内完成，摆放在工作台上，供裁判组评判。

任务二　完成测试链路端接（540 分）

在图 13-23 所示的西元网络配线实训装置（产品型号 KYPXZ-01-05）上并排完成 4 组测试链路的布线和模块端接，路由如图 13-24 所示。

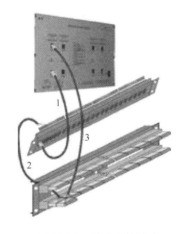

图 13-23　网络配线实训装置　　　　　　　图 13-24　链路端接路由

每组包括 3 根跳线和端接 6 次，其中包括 110 型 5 对连接块端接 2 次，RJ-45 头端接 3 次，RJ-45 模块端接 1 次。

要求线序和端接正确（5 分×6 处），电气连通（30 分 / 组），每根跳线长度合适（5 分×3 根），剥线长度合适（8 分×6 处），剪掉牵引线（2 分×6 处）。

模块三　布线安装部分（1 290 分）

布线安装施工在西元网络综合布线实训装置（产品型号 KYSYZ-12-1233）上进行，每个竞赛队 1 个区域角。具体路由请按照题目要求和图 13-25 中表示的位置进行设置。

☞注意：安装部分可能使用电动工具和需要登高作业，特别要求参赛选手注意安全用电和规范施工，登高作业时首先认真检查和确认梯子安全可靠，双脚不得高于地面 1 m，而且必须 2 个人合作，1 个人操作 1 个人保护。

安装操作方法请参考西安开元电子实业有限公司的产品说明书。

任务一 FD1 配线子系统线槽安装和布线（490 分）

按照图 13-25 所示的位置，完成 FD1 配线子系统的线槽安装、布线和端接，具体包括如下步骤。

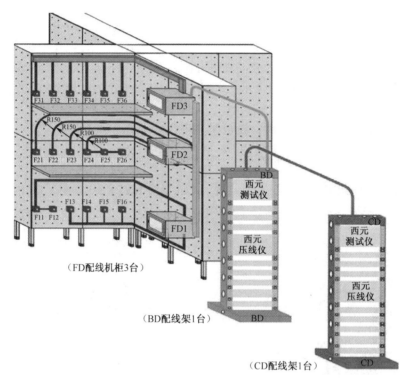

图 13-25 网络综合布线位置图

步骤 1：完成 FD11～FD16 网络插座安装（10 分 / 个），模块端接（20 分 / 个），面板安装（10 分 / 个）等，要求位置和端接正确（本小题共计 240 分）。

步骤 2：完成线槽安装和布线，粗线槽部分用宽度为 39 mm 的 PVC 线槽，细线槽部分用宽度为 20 mm 的 PVC 线槽，要求横平竖直，现场自制弯头，每个接缝处间隙不大于 1 mm。接头制作按照图 13-26 和图 13-27 所示进行。

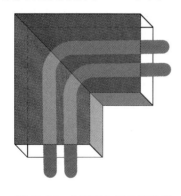

图 13-26 水平弯头制作示意图

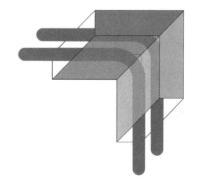

图 13-27 阴角弯头制作示意图

任务二　FD2 配线子系统线管安装和布线（500 分）

按照图 13-25 所示位置，完成 FD2 配线子系统的线管安装、布线和端接，具体包括如下步骤。

步骤 1：完成 FD21～FD26 网络插座安装（10 分/个），模块端接（20 分/个），面板安装（10 分/个）等。要求位置和端接正确（本小题共计 240 分）。

步骤 2：完成线管安装和布线，使用 Φ20 PVC 线管。要求横平竖直，按照图 13-25 要求的曲率半径安装和布线，每个接缝处间隙不大于 1 mm（本小题共计 260 分，曲率半径不合格扣 20 分 / 处，每个接缝处间隙大于 1 mm 扣 10 分）。

任务三　建筑物子系统安装和布线（300 分）

本小题共计 250 分，其中每个弯头 50 分，每个接缝处间隙大于 1 mm 扣 20 分。

按照图 13-25 所示位置，完成 BD-FD1，BD-FD2，BD-FD3 机柜的线管 / 槽安装布线和端接。从标识为 BD 的配线装置向 FD3 机柜安装 1 根 Φ20 PVC 线管，再从虚拟的 FD3 机柜经虚拟的 FD2 向虚拟的 FD1 机柜垂直安装 1 根宽度为 39 mm 的 PVC 线槽，两端安装堵头。

从 BD 向 FD3、FD2、FD1 机柜分别安装 1 根网络双绞线，BD 配线架分别端接在配线架1、2、3 口。

模块四　工程管理项目（500 分）

任务一　竣工资料（300 分）

根据设计和安装施工过程，编写项目竣工总结报告，要求报告名称正确、封面竞赛组编号正确、封面日期正确、内容清楚、完整。

整理全部设计文件等竣工资料，独立装订，且完整美观。

任务二　施工管理（200 分）

施工安全，分工合理，配合默契，合理用料，现场整洁。

项　目　四

（总分 5 470 分，时间 180 分钟）

模块一　综合布线工程设计项目（600 分）

近年来，旧楼改造中增加网络综合布线系统工程的项目越来越多，请按照图 13-28（西元网络培训中心综合楼建筑模型立体图）完成增加网络综合布线系统的工程设计。设计应符合 GB 50311—2016《综合布线系统工程设计规范》，按照超 5 类系统，满足当前网络办公、管理和教学需要，争取以最低成本完成该项目，不考虑语音系统。裁判依据各参赛队提交的书面打印文档评分，没有书面文档的项目不得分。具体设计内容和要求如下。

任务一 完成网络信息点数量统计表（200 分）

要求使用 Excel 软件编制，信息点设置合理、表格设计合理、数量正确、项目名称准确、签字和日期完整，采用 A4 幅面打印 1 份。

任务二 设计和绘制该网络综合布线系统图（100 分）

要求使用 Microsoft Office Visio 或者 AutoCAD 软件，图面布局合理、图形正确、符号标记清楚、连接关系合理、说明完整、标题栏合理（包括项目名称、签字和日期），采用 A4 幅面打印 1 份。

任务三 完成该网络综合布线系统施工图（300 分）

图 13-28 已经安装在各竞赛机位的电脑中，保存在电脑桌面，文件名为"西元网络培训中心综合楼建筑模型立体图.vsd"。请参赛选手在该 Microsoft Office Visio 图中直接添加设计，不需要重新绘图。将设计作品按照 A4 幅面打印 1 份。

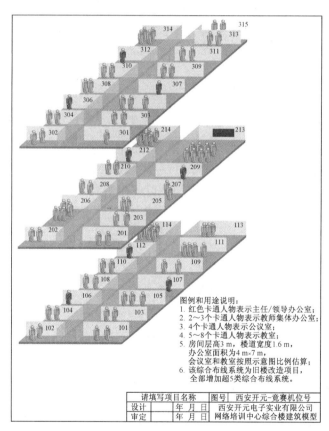

图 13-28 综合楼建筑模型立体图

要求设备间、管理间、工作区信息点位置选择合理，器材规格和数量配置合理，垂直子系统、水平子系统布线路由合理，器材选择正确。文字说明清楚、正确，标题栏完整并签署参赛队机位号和日期。

实际网络综合布线系统工程的设计一般使用 AutoCAD 软件，本竞赛题只为快速考察选手的设计知识，因此使用了 Microsoft Office Visio 软件。

模块二　网络配线端接部分（1 450 分）

网络配线端接在西元网络配线实训装置（产品型号 KYPXZ-01-05，如图 13-29 所示）上进行，每个竞赛队 1 台设备，具体请按照题目要求执行。

安装操作方法请参考西安开元电子实业有限公司的产品说明书。

任务一　网络跳线制作和测试（100 分）

完成 5 根网络跳线制作，其中 3 根 568B 线序，长度为 450 mm，2 根 568A-568B 线序，长度为 600 mm。

每根跳线 20 分，其中长度正确 5 分，线序正确 5 分，端接正确 5 分，剪掉牵引线 5 分。

完成后必须在西元网络配线实训装置（产品型号 KYPXZ-01-05）上进行线序和通断测试。

要求在竞赛开始后 60 min 内完成，摆放在工作台上，供裁判组评判。

任务二　完成测试链路端接（540 分）

在图 13-29 所示的西元网络配线实训装置（产品型号 KYPXZ-01-05）上并排完成 4 组测试链路的布线和模块端接，路由按照图 13-30 所示。

每组包括 3 根跳线和端接 6 次，其中包括 110 型 5 对连接块端接 2 次，RJ-45 头端接 3 次，RJ-45 模块端接 1 次。

要求线序和端接正确（5 分×6 处），电气连通（30 分 / 组），每根跳线长度合适（5 分×3 根），剥线长度合适（8 分×6 处），剪掉牵引线（2 分×6 处）。

任务三　完成复杂永久链路端接（810 分）

在图 13-29 所示的西元网络配线实训装置（产品型号 KYPXZ-01-05）上并排完成 6 组复杂永久链路的布线和模块端接，如图 13-31 所示。

 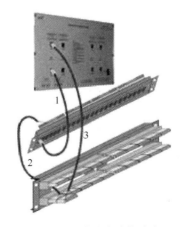 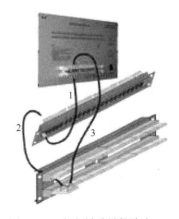

图 13-29　西元网络配线实训装置　　图 13-30　简单链路端接路由　　图 13-31　复杂链路端接路由

每组包括 3 根跳线和端接 6 次，其中 110 型 5 对连接块端接 4 次，RJ-45 头端接 1 次，RJ-45 模块端接 1 次。

要求线序和端接正确（5 分×6 处），电气连通（30 分/组），链路的布线和模块端接路由每根跳线长度合适（5 分×3 根），剥线长度合适（8 分×6 处），剪掉牵引线（2 分×6 处）。

模块三　布线安装部分（2 740 分）

布线安装施工在西元网络综合布线实训装置（产品型号 KYSYZ-12-1233）上进行，每个竞赛队 1 个区域角。具体路由请按照题目要求和图 13-32 中表示的位置进行设置。

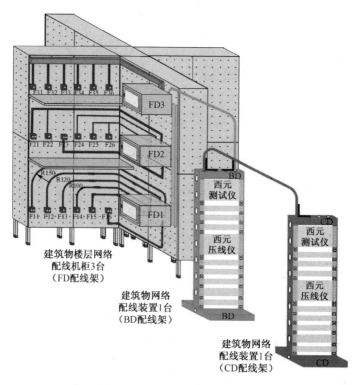

图 13-32　网络综合布线位置图

☞**注意：** 安装部分可能使用电动工具和需要登高作业，特别要求参赛选手注意安全用电和规范施工，登高作业时首先认真检查和确认梯子安全可靠，双脚不得高于地面 1 m，而且必须 2 个人合作，1 个人操作 1 个人保护。

安装操作方法请参考西安开元电子实业有限公司的产品说明书。

任务一　FD1 配线子系统线管安装和布线（1 160 分）

按照图 13-32 所示位置，完成 FD1 配线子系统的线管安装、布线和端接，具体包括如下步骤。

步骤 1： 完成 F11～F16 网络插座安装（10 分／个），模块端接（30 分／个），面板安装（10 分 / 个）等。要求位置和端接正确（本题共计 390 分）。

☞注意：不允许给底盒开孔将 PVC 线管直接插入，只能使用预留进线孔。

步骤 2：完成线管安装和布线，使用 Φ20 PVC 线管。要求横平竖直，按照要求的曲率半径安装和布线，每个接缝处间隙不大于 1 mm（本题 300 分，曲率半径不合格扣 20 分 / 处，每个接缝处间隙大于 1 mm 扣 10 分）。

步骤 3：完成 FD1 机柜内网络配线架的安装和端接，端接位置从第 1 个模块开始连续端接。要求设备安装位置合理（20 分 / 台），剥线长度合适（10 分 / 根），线序和端接正确（30 分 / 根），预留线缆长度合适（5 分 / 根），剪掉牵引线（5 分 / 根）（本题共计 470 分）。

任务二　FD2 配线子系统线槽安装和布线（1280 分）

按照图 13-32 所示位置，完成 FD2 配线子系统的线槽安装、布线和端接，具体包括如下步骤。

步骤 1：完成 F21～F26 网络插座底盒安装（10 分 / 个），模块端接（30 分 / 个），面板安装（10 分 / 个）等，要求位置和端接正确（本题共计 360 分）。

步骤 2：完成线槽安装和布线，粗线条部分用宽度为 39 mm 的 PVC 线槽，细线条部分用宽度为 20 mm 的 PVC 线槽。要求线槽横平竖直，现场自制弯头，每个接缝处间隙不大于 1 mm。接头制作要求按照图 13-33 和图 13-34 所示（本题 500 分，其中每个弯头 50 分，每个接缝处间隙大于 1 mm 扣 20 分）。

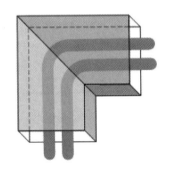 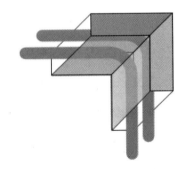

图 13-33　水平弯头制作示意图　　　　图 13-34　阴角弯头制作示意图

步骤 3：完成 FD2 机柜内网络配线架的安装和端接，端接位置从第 1 个模块开始连续端接。要求设备安装位置合理（20 分 / 台），剥线长度合适（10 分 / 根），线序和端接正确（30 分 / 根），预留线缆长度合适（5 分 / 根），剪掉牵引线（5 分 / 根）。（本题共计 420 分。）

任务三　建筑物子系统安装和布线（300 分）

按照图 13-32 所示的位置，进行建筑物子系统安装布线。从标识为 BD 的西元配线实训装置向 FD3 机柜安装 1 根 Φ20 PVC 线管，再从 FD1 机柜经 FD2 向 FD3 机柜垂直安装 1 根宽度 60 mm 的线槽，两端安装堵头。

从 BD 向 FD1、FD2、FD3 机柜分别安装 1 根网络双绞线，BD 端将三根网络双绞线分别端接到该设备下面的配线架（10 或 11U 处）第 11、12、13 口对应的模块。FD1、FD2、FD3

机柜内网络双绞线分别端接在配线架的第 24 口对应的模块。

模块四　工程管理项目（500 分）

任务一　编写竣工资料（300 分）

根据设计和安装施工过程，编写项目竣工总结报告，要求报告名称正确、封面竞赛组编号正确、封面日期正确、内容清楚和完整。

整理全部设计文件等竣工资料，独立装订，且完整美观。

任务二　施工管理（200 分）

施工安全、分工合理、配合默契、合理用料、现场整洁。

项　目　五

（总分 1000 分，时间 180 分钟）

模块一　工程设计项目（300 分）

图 13-35 为某学校综合楼建筑模型，请按照下面的要求进行网络综合布线系统工程设计。

任务一　信息点数量统计表（50 分）

完成语音 / 数据信息点数量统计表的绘制，A4 幅面，并且打印 2 份。

任务二　系统设计（150 分）

请按照 GB 50311—2016《综合布线系统工程设计规范》，合理设计图 13-35 所示建筑模型立体图中综合布线系统的下列各个子系统。

（1）设备间子系统位置、机柜规格和数量，要求用橙色表示（30 分）。

（2）垂直子系统位置、材料规格和数量，要求用绿色表示（30 分）。

（3）管理间子系统位置、机柜规格和数量，要求用黄色表示（30 分）。

（4）水平子系统布线路由、材料规格、数量，要求用蓝色表示（30 分）。

（5）工作区子系统，要求用紫色表示（30 分）。

首先参赛选手将图 13-35 以竞赛组编号重新命名保存后开始设计，并按照以上规定的颜色表示各个子系统。要求直接在附图中添加，完成设计后同时保存 Microsoft Office Visio 格式和 jpg 格式，并将 jpg 格式文件打印成 A4 图 2 份。

任务三　材料统计表（100 分）

请按照设计图纸绘制该综合布线系统工程材料统计表，要求规格齐全、数量正确、辅料合适，并且打印 2 份。

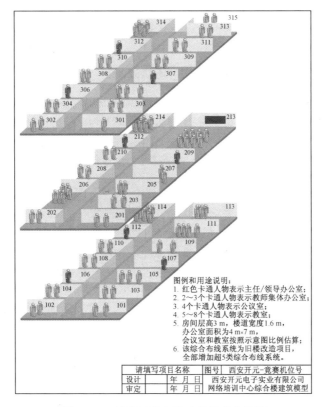

图 13-35 某学校综合楼建筑模型立体图

模块二 工程安装项目（650 分）

任务一 完成开放式网络机柜现场安装（20 分）

按照产品设备说明书完成设备安装，要求位置正确、固定牢靠。具体安装式样如图 13-36 所示。

安装底座固定角钢（5 分）、机柜立柱（5 分）、机柜顶帽（5 分）、19″2U 电源插座板（5 分）。

☞注意：不要进行拆卸电源操作，也不要在地面固定。

任务二 设备安装（100 分）

按照产品设备说明书完成设备安装，要求位置正确、固定牢靠。安装 1 台 7U 跳线测试仪（20 分）、1 台 7U 压接线实训仪（20 分）、1 台 1U 网络配线架（20 分）、2 台 1U 通信跳线架（20 分）和 2 台 1U 理线环安装（20 分）。

任务三 完成 4 根网络跳线制作和线对测试（40 分）

图 13-36 配线装置

制作 4 根网络跳线，2 根 568A 线序，2 根 568A-568B 线序，每根长度 600 mm（每根 10 分），其中每根跳线长度正确（3 分）、线序正确（3 分）、压接护套到位（2 分）、剪掉双绞线中的牵引线（1 分）、线标清楚（1 分）。

要求在竞赛开始后 90 min 内完成，摆放在工作台上，供裁判组评判。

任务四　完成复杂永久链路和模块端接（270 分）

要求完成 6 组复杂永久链路布线和模块端接，按照 568B 标准端接（每组链路 45 分）。

每组包括 3 根跳线和端接 6 次，其中 5 对连接块端接 4 次，RJ-45 头端接 1 次，RJ-45 模块端接 1 次。

布线和端接路由：压线实训仪器 5 对连接块上层→网络配线架 RJ-45 口和模块→通信跳线架连接块下层和上层，具体链路如图 13-37 所示。

要求每段双绞线长度合适（3 分），两端线标正确（3 分）。每个端接处拆开双绞线长度合适（3 分）、芯线位置合适（3 分）、端接图 13-37 线序正确（3 分）。

任务五　完成复杂永久链路模块端接和测试（180 分）

完成 4 组复杂永久链路布线和模块端接，按照 568B 标准端接（每组链路 45 分）。

每组包括 3 根跳线和端接 6 次，其中 5 对连接块端接 2 次。RJ-45 头端接 3 次。RJ-45 模块端接 1 次。每段线缆长度合适。

具体链路如图 13-38 所示。

布线和端接路由：测试实训仪器 RJ-45 口→网络配线架 RJ-45 口和模块→通信跳线架连接块下层和上层→测试实训仪器 RJ-45 口。

要求每段双绞线长度合适（3 分）。两端线标正确（3 分）。每个端接处拆开双绞线长度合适（3 分）。芯线位置合适（3 分）。端接线序正确（3 分）。

　　图 13-37　链路端接路由　　　　　　　　　　图 13-38　复杂链路端接路由

任务六　编制链路端口编号表（40 分）

分别编制第一层楼和第二层楼的链路端口对应表。要求每层楼的端口对应表为 1 张 A4 幅面纸，端口与编号对应关系要正确、完整，表格符合工程规范，并标注竞赛组编号（每个表格 20 分）。

模块三　工程管理项目（50 分）

任务一　竣工资料（30 分）

竣工资料包括点数统计表（4 分）、设计图纸（4 分）、材料统计表（4 分）、端口编号表（4 分）和施工总结（10 分）。

要求装订整齐（1 分），竞赛组编号明显（1 分），一式两份（2 分）。

任务二　施工管理（20 分）

现场设备、材料、工具、包装材料堆放整齐有序，文明施工（20 分）。

项　目　六

（总分 5980 分，时间 180 分钟）

模块一　综合布线工程设计项目（900 分）

请按照图 13-39 所示建筑模型立体图完成增加网络综合布线系统的工程设计。设计应符合 GB 50311—2016《综合布线系统工程设计规范》，按照超 5 类系统，满足当前网络办公、管理和教学需要，争取以最低成本完成该项目。

裁判依据各参赛队提交的书面打印文档评分，没有书面文档的项目不得分。

全部书面竞赛作品，只能填写竞赛组编号进行识别，不得填写任何名称或者任何形式的识别性标记。如果出现地区、校名、人名等其他任何与竞赛队有关的识别信息，竞赛试卷和作品作废，按照零分对待，并且由大赛组委会进行处理。

参赛选手根据图 13-39 的建筑模型图完成该部分工程设计内容。

任务一　完成网络信息点数量统计表（200 分）

要求使用 Excel 软件编制，信息点设置合理，表格设计合理、数量正确、项目名称准确、签字和日期完整，采用 A4 幅面打印 1 份。

任务二　设计和绘制该网络综合布线系统图（100 分）

要求使用 Microsoft Office Visio 或者 AutoCAD 软件，图面布局合理、图形正确、符号标记清楚、连接关系合理、说明完整、标题栏合理（包括项目名称、签字和日期），采用 A4 幅面打印 1 份。

任务三　完成该网络综合布线系统施工图（300 分）

图 13-39 的电子版文件已经安装在各竞赛机位的电脑中，保存在电脑桌面，文件名为"西元建筑模型立体图.vsd"。请参赛选手在该 Microsoft Office Visio 图中直接添加设计，不

需要重新绘图。将设计作品按照 A4 幅面打印 1 份。要求设备间、管理间、工作区信息点位置选择合理，器材规格和数量配置合理。垂直子系统、水平子系统布线路由合理，设备选择正确。文字说明清楚、正确。标题栏完整并且签署参赛队机位号和日期。实际网络综合布线系统工程的设计一般使用 AutoCAD 软件，本竞赛题只为快速考察选手的设计知识，因此使用 Microsoft Office Visio 软件。

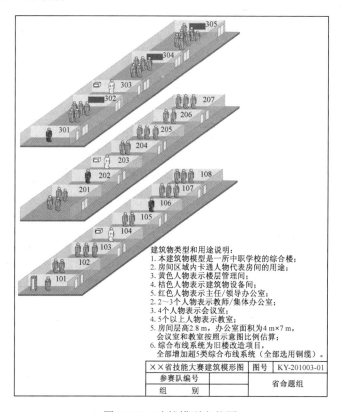

图 13-39　建筑模型立体图

任务四　编制该网络综合布线系统端口对应表（300 分）

要求按照表 13-11 的格式编制该网络综合布线系统端口对应表。要求项目名称准确、表格设计合理、信息点编号正确、签字和日期完整，采用 A4 幅面打印 1 份。

每个信息点编号必须具有唯一的编号，编号有顺序和规律，只能使用数字，以方便施工和维护。信息点编号内容和格式如下：工作区编号–网络插口编号–楼层机柜编号–配线架编号–配线架端口编号等。

表 13-11　综合布线系统端口对应表

序　　号	信息点编号	工作区编号	楼层机柜编号	配线架编号	配线架端口编号
1					
2					

编制人：（只能签署参赛机位号）　　　　　　　　时间：

模块二　网络配线端接部分（1040 分）

网络配线端接在西元网络配线实训装置（产品型号 KYPXZ-01-05）上进行，每个竞赛队 1 台设备，具体请按照题目要求和图中表示的位置进行端接。

安装操作方法请参考西安开元电子实业有限公司的产品说明书。

任务一　网络跳线制作和测试（100 分）

完成 4 根网络跳线制作，包括：1 根 568B 线序，长度 400 mm；1 根 568A 线序，长度 500 mm；2 根 568A-568B 线序，长度 600 mm。

完成后必须在图 13-40 所示的西元网络配线实训装置上进行线序和通断测试。

每根跳线 25 分，要求长度、线序、端接正确，并剪掉牵引线。

要求在竞赛开始后 60 min 内完成，摆放在工作台上，供裁判组评判。

任务二　完成基本测试链路端接（200 分）

在图 13-40 所示的西元网络配线实训装置上并排完成 2 组基本测试链路的布线和模块端接，路由如图 13-41 所示。

每组链路 100 分，要求：

（1）每组包括 2 根跳线和端接 4 次，其中包括 RJ-45 头端接 3 次，RJ-45 模块端接 1 次。

（2）线序和端接正确、电气连通、每根跳线长度、剥线长度合适，并剪掉牵引线。

（3）从西元网络配线实训装置 10U 处 RJ-45 配线架的第 1 个端口模块顺序端接。

图 13-40　网络配线实训设备

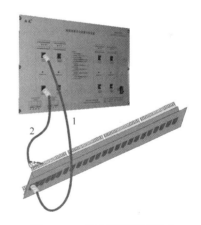

图 13-41　基本链路端接路由

任务三　完成复杂测试链路端接（270 分）

在图 13-40 所示的西元网络配线实训装置上并排完成 2 组复杂测试链路的布线和模块端接，路由如图 13-42 所示。

每组链路 135 分，要求：

（1）每组包括 3 根跳线和端接 6 次，其中 110 型 5 对连接块端接 2 次，RJ-45 头端接 3

次，RJ-45 模块端接 1 次。

（2）线序和端接正确、电气连通、每根跳线长度、剥线长度合适，并剪掉牵引线。

（3）从西元网络配线实训装置 10U 处 RJ-45 配线架的第 3 个端口模块顺序端接。

任务四　完成基本网络配线端接（200 分）

在图 13-40 所示的西元网络配线实训装置（产品型号 KYPXZ-01-05）上并排完成 2 组基本网络配线的布线和模块端接，路由见图 13-43。

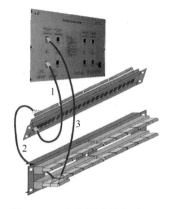

图 13-42　复杂链路端接路由

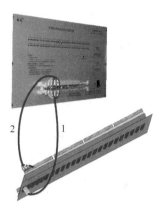

图 13-43　基本配线端接路由

每组链路 100 分，要求：

（1）每组包括 2 根跳线和端接 4 次，其中 110 型 5 对连接块接 2 次，RJ-45 头端接 1 次，RJ-45 模块端接 1 次。

（2）线序和端接正确、电气连通、每根跳线长度合适、剥线长度合适，并剪掉牵引线。

（3）从西元网络配线实训装置 24U 处 RJ-45 配线架的第 1 个端口模块顺序端接。

任务五　完成复杂网络配线端接（270 分）

在图 13-40 所示的西元网络配线实训装置（产品型号 KYPXZ-01-05）上并排完成 2 组复杂网络配线的布线和模块端接，路由如图 13-44 所示。

每组链路 135 分，要求：

（1）每组包括 3 根跳线和端接 6 次，其中 110 型 5 对连接块端接 3 次，RJ-45 头端接 1 次，RJ-45 模块端接 1 次。

（2）线序和端接正确、电气连通、每根跳线长度合适、剥线长度合适，并剪掉牵引线。

（3）从西元网络配线实训装置 24U 处 RJ-45 配线架的第 3 个端口模块顺序端接。

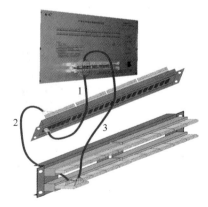

图 13-44　复杂配线端接路由

模块三　布线安装部分（3540 分）

布线安装施工在西元网络综合布线实训装置（产品型号 KYSYZ-08-0833）上进行，每个竞赛队 1 个区域角。

☞**注意**：安装部分可能需要使用电动工具和登高作业，特别要求参赛选手注意安全用电和规范施工，登高作业时首先认真检查和确认梯子安全可靠，双脚不得高于地面 1 m，而且必须 2 个人合作，1 个人操作 1 个人保护。

安装操作方法请参考西安开元电子实业有限公司的产品说明书。

具体路由请按照题目要求和图 13-45 中表示的位置进行设置。

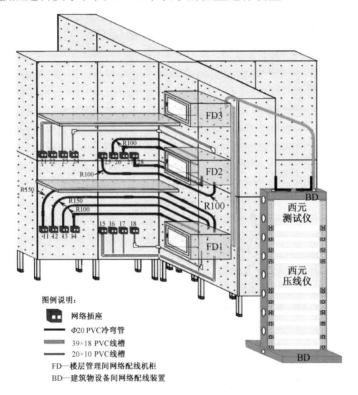

图例说明：

🔲　网络插座

━━━　Φ20 PVC 冷弯管

━━━　39×18 PVC 线槽

━━━　20×10 PVC 线槽

FD—楼层管理间网络配线机柜
BD—建筑物设备间网络配线装置

图 13-45　BD-FD-TO 网络综合布线系统示意图

按照图 13-45 所示的位置，完成 FD 配线子系统的线槽、线管、底盒、模块、面板的安装，同时完成布线端接。要求横平竖直，位置和曲率半径正确，接缝不大于 1 mm。

每层第 1 个插座模块的双绞线，端接到机柜内配线架的 1、2 口，其余顺序端接。

具体包括如下任务。

任务一　FD1 配线子系统线槽 / 线管安装和布线（1620 分）

完成以下指定路由的安装和布线：

（1）11～13 插座布线路由。使用 Φ20 PVC 冷弯管和直接头，并且自制弯头，按照图 13-45 所示的曲率半径要求安装线管和布线。

（2）14 插座布线路由。使用 Φ20 PVC 冷弯管、直接头、弯头安装线管和布线。

（3）15 插座布线路由。使用 39 mm×18 mm PVC 线槽，自制弯头安装线槽和布线。接头制作示意图分别见图 13-46 和图 13-47。

（4）16～17 插座布线路由。使用 39 mm×18 mm 和 20 mm×14 mm PVC 线槽组合安装线槽和布线。

（5）18 插座布线路由。使用 20 mm×14 mm PVC 线槽和成品弯头、阴角安装线槽和布线。

（6）完成 FD1 机柜内网络配线架的安装和端接。要求设备安装位置合理、剥线长度合适、线序和端接正确、预留线缆长度合适，并剪掉牵引线。

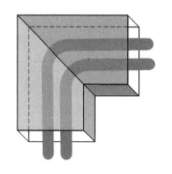 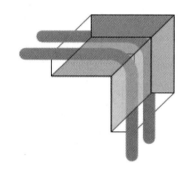

图 13-46　水平弯头制作示意图　　　　图 13-47　阴角弯头制作示意图

☞注意：不允许在底盒开孔将 PVC 线管直接插入，只能使用预留进线孔。

任务二　FD2 配线子系统线槽／线管的安装和布线（1620 分）

完成以下指定路由的安装和布线：

（1）21 插座布线路由。使用 39 mm×18 mm PVC 线槽，自制弯头安装，只允许使用一个成品弯头。接头制作按照图 13-46 和图 13-47 所示进行。

（2）22～23 插座布线路由。使用 39 mm×18 mm 和 20 mm×14 mm PVC 线槽组合安装安装线槽和布线。

（3）24 插座布线路由。使用 20 mm×14 mm PVC 线槽和成品弯头、阴角安装安装线槽和布线。

（4）25～26 插座布线路由。使用 Φ20 PVC 冷弯管和直接头，并且自制弯头，按照图示曲率半径要求安装线管和布线。

（5）27～28 插座布线路由。使用 Φ20 PVC 冷弯管、直接头、弯头安装线管和布线。

（6）完成 FD2 机柜内网络配线架的安装和端接。要求设备安装位置合理、剥线长度合适、线序和端接正确、预留线缆长度合适，并剪掉牵引线。

任务三　建筑物子系统的安装和布线（300 分）

从标识为 BD 的西元配线实训装置向 FD3 机柜安装 1 根 Φ20 PVC 线管，再从 FD1 机柜经 FD2 向 FD3 机柜垂直安装 1 根 39 mm×18 mm 线槽，两端安装堵头。

将 BD 端 Φ20 PVC 线管用 L 型支架和管卡固定在 BD 配线架顶部。

从 BD 向 FD1、FD2 机柜分别安装 1 根网络双绞线，BD 端将 2 根网络双绞线分别端接到该设备上面的配线架（10 或者 11U 处）第 20、21、22 口对应的模块上。

FD1、FD2 机柜内网络双绞线分别端接在配线架的第 24 口对应的模块上。

模块四　工程管理项目（500 分）

任务一　编写竣工资料（300 分）

根据设计和安装施工过程，编写项目竣工总结报告，要求报告名称正确、封面竞赛组编号正确、封面日期正确、内容清楚和完整。

整理全部设计文件等竣工资料，独立装订，且完整美观。

任务二　施工管理（200 分）

施工安全、分工合理、配合默契、合理用料、现场整洁。

项　目　七

（总分 1 000 分，时间 480 分钟）

网络布线赛项要求参赛选手在 8 小时内，根据给定的项目要求，完成网络布线系统工程项目设计，网络布线速度竞赛，链路搭建，线槽、线管、插座、模块、配线架等常用器材的安装施工，铜缆布线和端接，光缆布线，光纤熔接和冷接，光缆及铜缆的测试等工作任务。

模块一　网络布线速度竞赛（45 分钟）（120 分）

网络布线赛项首先进行网络布线速度竞赛，时间为 45 分钟。包括铜缆端接速度竞赛和光纤熔接速度竞赛，由参赛队的 2 名选手分别独立完成，选手分工由各参赛队自行决定。

网络布线速度竞赛阶段，选手只能在图 13-48 所示的速度竞赛赛位进行网络布线速度竞赛，不得进行任何不相关操作，也不得离开速度竞赛赛位，竞赛过程中不允许相互交流。

网络布线速度竞赛为定时竞速比赛，到达规定时间后，必须立即停止操作，不得再进行任何与网络布线速度竞赛相关的操作。

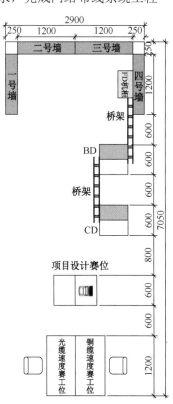

图 13-48　工位平面图

任务一　铜缆端接速度竞赛（45 分钟）（60 分）

步骤 1：任务准备。

准备阶段时间计算在比赛时间内。竞赛准备内容和方法如下：

（1）检查竞赛材料的数量和质量。准备和检查超 5 类网络水晶头 50 个，超 5 类网络模块 50 个，根据选手需要和本竞赛要求裁剪数量合适、长度适中的超 5 类非屏蔽双绞线电缆，保证数量正确和质量合格，摆放到合适的位置。

（2）检查工具。准备和检查所使用的工具、测线器等，摆放到适合位置。

（3）将现场提供的 RJ-45 水晶头—RJ-45 水晶头测试跳线，一端插入测线器，摆放在后续测试的合适位置。

步骤 2：铜缆端接速度竞赛。

如图 13-49 所示，制作 360 mm 长 RJ-45 模块—RJ-45 水晶头跳线，并且串联在一起。最终评价链接的数量和质量。要保证所有链接的节点都能够导通，按照符合链接标准、质量合格的节点计算完成的数量。同时，评判端接的外观质量、操作规范和环境卫生等。

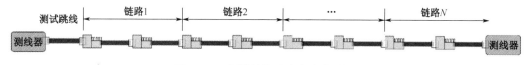

图 13-49　铜缆端接速度竞赛串联图

步骤 3：制作跳线。

制作 RJ-45 模块—RJ-45 水晶头跳线，并且插入准备阶段制作的 RJ-45 水晶头—RJ-45 水晶头跳线，然后制作 RJ-45 模块—RJ-45 水晶头跳线，按此循环制作，边做边串联和测试。

☞注意：

①必须保证每根跳线合格，不合格跳线不得串联，只有多根跳线串联后通断测试合格，才允许使用测线器进行测试。

②必须保证线序正确，水晶头按照 T568B 线序压接，模块按照色标规定的 T568B 线序制作。

③全部跳线剥除护套长度合适，撕拉线剪除干净。水晶头压接外观端正，没有明显偏心和绞对，护套安装到位。

④模块端接剥除护套长度合适，模块外无明显裸露线芯，撕拉线剪除干净，盖好压盖，剪掉多余线头，预留长度小于 1 mm。

☞注意：铜缆端接速度竞赛时间结束后，必须立即停止操作，分别将主测线器和远端测试端连接到整条链路两端，测线器保持开通且指示灯一侧向上，连同铜缆端接速度竞赛作品一起存放在蓝色收纳箱里，并将收纳箱摆放在铜缆速度竞赛赛位的椅子上，测线器的指示状态作为整条链路连通性的评分依据。然后将铜缆速度竞赛工作台移动到布线安装区域，作为施工操作台使用。

任务二　光纤熔接速度竞赛（45 分钟）（60 分）

步骤 1：任务准备。

准备阶段时间计算在比赛时间内。竞赛准备内容和方法如下：

（1）准备 5 m 长 24 芯单模室内光缆 2 根，如图 3-50 所示用尼龙扎带和粘扣固定在台面适当位置，同时考虑熔接机和工具等位置，方便快速操作。

图 13-50 光缆在台面固定方式

步骤 2：光纤熔接速度竞赛。

（1）光缆开缆，剥去光缆两端外皮 800 mm。

（2）在光缆的一端熔接 1 条 SC 尾纤，并且连接红光光源，如图 13-51 所示。准备酒精和无尘纸等器材。

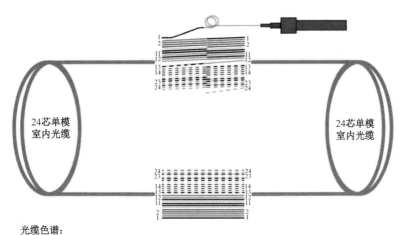

光缆色谱：
1～12芯光缆色谱：蓝橙绿棕灰白红黑黄紫红青绿
13～24芯光缆色谱：蓝点 橙点 绿点 棕点 灰点 白点 红点 黑点 黄点 点 粉红点 青绿点

图 13-51 光纤熔接速度竞赛连接图

要求将两根光缆环形接续，将光缆按照光纤的色谱顺序，依次熔接，连接串成一条通路。熔接完成后，将熔接好的光纤按照色谱顺序整齐放入 12 芯光纤熔纤盘中。

（1）将连接尾纤的光缆 1～12 芯光纤按照色谱顺序整齐放入第 1 个光纤熔纤盘中，13～24 芯色谱光纤按照色谱顺序整齐放入第 2 个光纤熔纤盘中；

（2）将另一处接续光缆 1～12 芯光纤按照色谱顺序整齐放入第 3 个光纤熔纤盘中，13～24 芯光纤按照色谱顺序整齐放入第 4 个光纤熔纤盘中。

☞**注意**：4 个 12 芯光纤熔纤盘不要堆叠在一起，按照顺序整齐放在桌面上。

在保证通断测试合格的前提下，记录熔接点的个数，同时评判熔接点外观质量，操作规范，带护目镜等劳动保护情况，环境卫生等。

具体操作技术要求和注意事项如下：

（1）使用熔接机熔接光纤，及时清洁熔接机，保证熔接合格。

（2）每个熔接点必须安装 1 个热收缩保护管，调整加热时间要正确，使套管收缩合格并且居中。

（3）必须去除光纤外皮和树脂层，每芯光纤至少清洁 3 次。

（4）光纤剥线钳每次使用后必须及时清洁，去除剥线钳刀口上面粘留的树脂或杂物。

（5）正确使用和清洁光纤切割刀。

（6）选手只能使用竞赛规定的设备和器材，不允许自己创建任何特殊夹具。

（7）竞速结束后，请保持图 13-51 中红光笔的连接状态，关闭红光光源。

模块二　网络布线工程设计（80 分）

对于图 13-52 所示的建筑模型立体图，模拟给定的综合布线系统工程项目，按照赛卷要求和 GB 50311—2016《综合布线系统工程设计规范》完成网络布线工程设计。

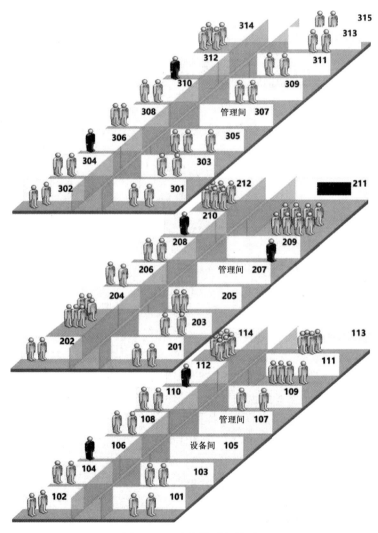

图 13-52　建筑模型立体图

具体要求如下：

（1）该建筑模型为模拟楼宇三个楼层网络布线系统工程项目。项目名称统一规定为"网络布线工程"+赛位号（赛位号取 2 位数字，不足 2 位的前缀补 0）。

（2）该建筑模型三个楼层房间区域内卡通人物代表房间的用途。其中 1 个人物表示领导办公室，按照 2 个语音、2 个数据信息点配置；2～4 个人物表示集体办公室，按照每人 1 个语音、1 个数据信息点配置；6 个人物表示会议室，按照 2 个数据信息点配置；8 个人物表示教室，按照 2 个数据信息点配置；设备间和管理间按照每个房间 1 个语音、1 个数据信息点配置。

（3）该建筑模型三个楼层中会议室、教室为单口信息插座，每个单口信息插座 1 个数据信息点。其余房间均为双口信息插座，每个双口信息插座 1 个数据信息点、1 个语音信息点。

（4）针对双口信息插座统一规定：面对信息插座，左侧端口为数据信息点，右侧端口为语音信息点，数据信息点与语音信息点均使用数据模块端接。

（5）该建筑模型 CD 至 BD 之间选用 1 根 4 芯单模室外光缆布线。BD 至 FD 之间分别选用 1 根 4 芯多模室内光缆和 1 根 50 对大对数电缆布线。FD 至 TO 之间选用超五类非屏蔽双绞线电缆布线。

（6）该建筑模型 CD-BD 为室外埋管布线。BD-FD1 为地下埋管布线，BD-FD2、BD-FD3 为沿墙体垂直桥架（200 mm×100 mm）布线。FD-TO 为明槽暗管布线，楼道为明装桥架（100 mm×80 mm），室内沿隔墙暗管（ϕ20 mm 的 PVC 管）布线到 TO。设备间、管理间、领导办公室信息插座分布在房间的一边，集体办公室、会议室信息插座分布在房间的两边；教室信息插座分布在讲台的两边。

（7）图 13-52 中 101、102、103……315 为房间编号。

（8）该建筑模型楼层每层高度为 3.3 m，水平桥架距地面高度为 2.9 m，信息插座距地面高度 0.3 m。1 至 3 人办公室、设备间、管理间面积为 28 m²（4 m×7 m），4 人办公室面积为 42 m²（6 m×7 m，其中 314 房间除外），314 房间面积为 56 m²（8 m×7 m），会议室面积为 56 m²（8 m×7 m），教室面积为 84 m²（12 m×*7 m）。楼道宽度为 3 m。

（9）该建筑模型 107、207、307 房间为楼层管理间，每个楼层管理间配置的机柜为 32U 标准机柜。每个楼层机柜内网络配线架编号依次为 W1、W2……（从上到下，第一个网络配线架编号为 W1，第二个网络配线架编号为 W2，依此类推，下述语音配线架编号、光纤配线架编号等含义相同，不再复述）；语音配线架编号依次为 Y1、Y2……；光纤配线架编号依次为 G1、G2……。每房间信息插座顺时针编号，编号从小到大依次为 01、02、03……。

（10）按照房间编号从小到大，信息插座编号从小到大的顺序，每楼层数据信息点全部端接在网络配线架 W1、W2 上，且从网络配线架 W1 的 1 号端/压接模块起依次端接，语音信息点全部端接在网络配线架 W3、W4 上，且从网络配线架 W3 的 1 号端/压接模块起依次端接。

根据以上描述，完成以下设计任务。

任务一　信息点点数统计表编制（8 分）

使用 WPS 表格软件，按照表 13-12 格式完成信息点点数统计表的编制。

要求项目名称正确、表格设计合理、信息点数量正确、赛位号（建筑物编号、编制人、审核人均填写赛位号，不得填写其他内容）及日期说明完整，编制完成后文件保存到"工程设计成果-n"文件夹下，保存文件名为"信息点点数统计表"。

说明：在图 13-52 中，房间编号=楼层序号+本楼层房间序号。

表 13-12 信息点点数统计表

项目名称：   建筑物编号：

楼层序号	信息点类别	房间序号				楼层信息点合计		信息点合计
		01	02	…	n	数据	语音	
1层	数据							
	语音							
⋮	数据							
	语音							
N层	数据							
	语音							
信息点会计								

编制人签字：   审核人签字：   日期：   年   月   日

任务二 网络布线系统图设计（16 分）

使用 Visio 或者 AutoCAD 软件，参照图 13-52 完成 CD-TO 网络布线系统图的设计绘制。

要求概念清晰、图面布局合理、图形正确、符号及线缆类型标记清楚、连接关系合理、说明完整、标题栏合理（包括项目名称、图纸类别、编制人、审核人和日期，其中编制人、审核人均填写赛位号，不得填写其他内容），设计图以文件名"系统图.vsd/系统图.dwg"保存到"工程设计成果-n"文件夹下，并生成一份 JPEG 格式文件。要求图片颜色及质量清晰易于分辨。

任务三 信息点端口对应表编制（16 分）

使用 WPS 表格软件，按照图 13-53 和表 13-13 格式完成图 13-52 建筑模型第三层信息点端口对应表的编制。

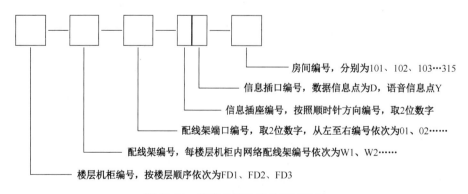

图 13-53 信息点端口编号编制规定

严格按下述设计描述，要求项目名称正确，表格设计合理，端口对应编号正确，相关含义说明正确完整，赛位号（建筑物编号、编制人、审核人均填写赛位号，不得填写其他内容）及日期说明完整。

编制完成后文件保存到"工程设计成果-n"文件夹下，保存文件名为"信息点端口对应表"。

例如：第三层第 1 个数据信息点和语音信息点对应的信息点端口对应表编号分别为：FD3-W1-01-01D-301、FD3-W3-01-01Y-301。

表 13-13　信息点端口对应表

项目名称：　　　　　　　　　　　　　　　建筑物编号：

序号	楼层机械编号	配线架编号	配线架端口编号	信息插座编号	信息端口编号	房间编号
1						
2						
⋮						
n						

编制人签字：　　　　　　审核人签字：　　　　　　日期：　　年　　月　　日

任务四　网络布线系统施工图设计（24 分）

使用 Visio 或者 AutoCAD 软件绘制图 13-52 建筑模型第三层的平面施工图。

要求施工图中的文字、线条、尺寸、符号描述清晰完整。竞赛设计突出链路路由、信息点、楼层管理间机柜设置等信息的描述，针对水平配线桥架只需考虑桥架路由及合理的桥架固定支撑点标注。标题栏合理（包括项目名称、图纸类别、编制人、审核人和日期，其中编制人、审核人均填写赛位号，不得填写其他内容）。设计图以文件名"施工图.vsd/施工图.dwg"保存到"工程设计成果-n"文件夹下，且生成一份 JPEG 格式文件。其他要求如下：

（1）FD-TO 布线路由、敷设规格正确，安装方法标注正确；
（2）配线设备和信息插座位置、规格正确，安装方法标注正确；
（3）线缆规格标注正确；
（4）图面布局合理、简洁，位置尺寸标注清楚正确；
（5）图形符号规范，说明正确和清楚；
（6）标题栏基本信息填写完整。

任务五　材料统计表编制（16 分）

使用 WPS 表格软件，按照材料统计表，格式如表 13-14，完成图 13-52 建筑模型第三层的网络布线系统材料统计表的编制。

任务要求：材料名称和规格/型号正确，数量符合实际并统计正确，辅料合适，赛位号（建筑物编号、编制人、审核人均填写赛位号，不得填写其他内容）和日期说明完整。

编制完成后文件保存到"工程设计成果-n"文件夹下，保存文件名为"材料统计表"。

表 13-14 料统计表

项目名称：　　　　　　　　　　　　　　建筑物编号：

序号	材料名称	材料规格/型号	单位	数量
1				
2				
…				
n				

编制人签字：　　　　　　　审核人签字：　　　　　　　日期：　　年　　月　　日

模块三　网络布线配线端接工程技术（100 分）

按照图 13-54 所示位置，完成复杂链路端接、测试链路端接和光纤链路长度测试。RJ-45 水晶头按照 T568B 线序端接。4 对双绞线电缆端接 110 配线架 5 对连接模块时按照白蓝、蓝、白橙、橙、白绿、绿、白棕、棕的线序端接。

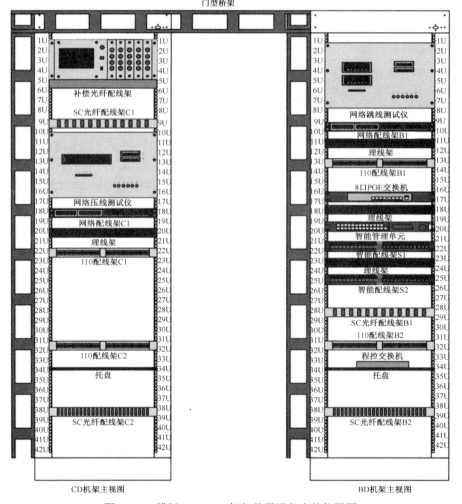

图 13-54 模拟 CD、BD 机架装置设备安装位置图

任务一　复杂链路端接（36 分）

在 CD 机架装置上完成 6 个回路复杂链路的布线和模块端接。路由如图 13-55 所示，每个回路链路由 3 根跳线组成（每回路 3 根跳线结构如图 13-55 侧视图所示，图中的"X"表示 1～6，即第 1 至第 6 条链路），端/压接 6 组线束。

要求链路端/压接正确，每段跳线长度适中，端接处拆开线对长度适中，端接位置线序正确，剪掉多余牵引线，线标正确。跳线两端使用扎带式标签进行标识，如第 1 条链路 3 根跳线两端均标识为"Y1-1"、"Y1-2"或"Y1-3"。

端接 110 配线架 B1 时，每根双绞线电缆使用 1 个 5 对连接模块，端接在蓝、橙、绿、棕色标的对应端口。

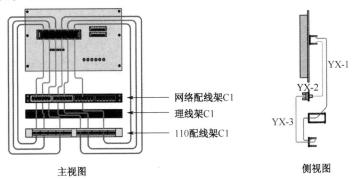

主视图　　　　　　　　　　　　　　　　侧视图

图 3-55　网络压线测试链路端接路由与位置示意图

任务二　测试链路端接（36 分）

在 BD 机架装置上完成 6 个回路测试链路的布线和模块端接。链路端接路由如图 13-56 所示，每个回路链路由 3 根跳线组成（每回路 3 根跳线结构如图 13-56 侧视图所示），端/压接 6 组线束。

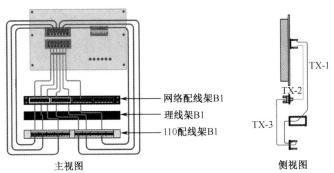

主视图　　　　　　　　　　　　　　　　侧视图

图 13-56　网络跳线测试链路端接路由与位置示意图

要求链路端接正确，每段跳线长度适中，端接处拆开线对长度适中，端接位置线序正确，剪掉多余牵引线，线标正确（跳线两端使用扎带式标签进行标识，如第 1 条链路 3 根跳线两端均标识为"T1-1""T1-2""T1-3"）。

端接 110 配线架 C1 时，每根双绞线电缆使用 1 个 5 对连接模块，端接在蓝、橙、绿、棕色标的对应端口。

任务三　光纤链路长度测试（28 分）

步骤 1： 在 CD 机架装置上完成 3 个光纤链路的制作和测试。

制作 3 根单芯皮线光缆跳线，长度分别为 5 m、6 m、7 m，两端分别制作 SC 冷接头，并使用扎带式标签进行标识，5 m 光缆跳线两端均标识为"of5"，6 m 光缆跳线两端均标识为"of6"，7 m 光缆跳线两端均标识为"of7"。

步骤 2： 将制作好的 5 m 光缆跳线的两端分别插入光纤配线架 C1 的 1 号和 6 号进线端口，6 m 光缆跳线的两端分别插入光纤配线架 C1 的 2 号和 7 号进线端口，7 m 光缆跳线的两端分别插入光纤配线架 C1 的 3 号和 8 号进线端口，并将 3 根光缆跳线余长盘在光纤配线架 C1 内。

步骤 3： 按照图 13-57 所示方法，分别测试 3 个光纤链路的长度。

（1）将 2 根 30 m 长测试补偿单模光纤跳线的一端分别连接在光纤配线架 C1 的 1 号和 6 号出线端口，另一端分别入光纤测试仪脉冲发送端口与脉冲接收端口，进行第 1 个光纤链路长度测试。使用 1#U 盘插入光纤测试仪，保存第 1 个光纤链路的测试报告，5 m 光纤链路测试报告文件名为："of5"。

（2）将 2 根 30 m 长测试补偿单模光纤跳线的一端分别连接在光纤配线架 C1 的 2 号和 7 号出线端口，另一端分别入光纤测试仪脉冲发送端口与脉冲接收端口，进行第 2 个光纤链路长度测试使用 1#U 盘插入光纤测试仪，保存第 2 个光纤链路的测试报告，6 m 光纤链路测试报告文件名为："of6"。

（3）将 2 根 30 m 长测试补偿单模光纤跳线的一端分别连接在光纤配线架 C1 的 3 号和 8 号出线端口，另一端分别入光纤测试仪脉冲发送端口与脉冲接收端口，进行第 3 个光纤链路长度测试使用 1#U 盘插入光纤测试仪，保存第 3

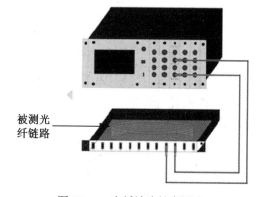

被测光纤链路

图 13-57　光纤链路长度测试

个光纤链路的测试报告，7 m 光纤链路测试报告文件名为："of7"。

每个光纤链路只能有一个测试报告，裁判只依据 1#U 盘中保存的测试报告进行评分。

模块四　建筑群子系统布线安装（120 分）

如图 13-48、图 13-54 所示，完成建筑群子系统布线安装，包括：线缆布放、理线、绑扎、固定，室外光缆开缆、固定、熔接、盘纤，光纤配线架安装，室外大对数电缆端接，链路标识。

任务要求主干链路路由正确，理线美观，固定牢固，预留线缆长度适中，端接端口对应合理，端接位置符合下述要求。

24 芯室外单模光缆按照色谱顺序（松套管色谱依次为蓝、橙、绿、棕，光纤色谱依次为蓝、橙、绿、棕、灰、白）熔接。25 对室外大对数电缆按照主次线序（主色依次为白、红、黑、黄、紫，次/辅色依次为蓝、橙、绿、棕、灰）端接。

任务一　完成室外大对数电缆布线

完成室外光缆、室外大对数电缆布线、理线、绑扎、固定。

在 CD 与 BD 之间的门型桥架上布放 1 根 24 芯室外单模光纤和 1 根 25 对室外大对数电缆，全部线缆在两端机架和梯形桥架的布放必须保持平整、绑扎规范和美观。线缆与梯形桥架的所有接触点必须捆扎固定。线缆两端必须合理预留未来设备安装与调试等多种需要，预留线缆整理平整，放在 CD、BD 机架底座上。

任务二　完成光纤熔接和布线

步骤 1：将一根 24 芯室外单模光缆的一端穿入 CD 机架光纤配线架 C2，另一端穿入 BD 机架光纤配线架 B2，完成室外光缆开缆、清洁和固定，将 24 芯光纤与尾纤熔接，两端共熔接 48 芯，尾纤另一端插接在对应的耦合器上，要求熔接合格，剥除护套长度合理，热缩管排列整齐，盘纤平整、规范和美观。

CD 机架光纤配线架 C2 和 BD 机架光纤配线架 B2 的端口对应关系为：按照光缆的色谱顺序一一对应。

步骤 2：按图 13-54 所示位置，完成 CD 机架光纤配线架 C2 和 BD 机架光纤配线架 B2 安装。

任务三　完成 110 配线架端接

步骤 1：将一根 25 对室外大对数电缆一端穿入 CD 机架，端接在 110 配线架 C2 的 1～25 线对（110 配线架左上位置），另一端穿入 BD 机架，端接在 110 配线架 B2 的 1～25 线对（110 配线架左上位置），并正确安装各顶层的 5 对连接模块。

步骤 2：CD-BD 之间所有链路使用扎带式标签进行标识，线缆两端、CD、BD 机架入口处、桥架两端、桥架转弯处均需设置标识。室外光缆链路标识为"C-B-G1"，室外大对数电缆链路标识为"C-B-Y1"。

模块五　干线子系统布线安装（140 分）

网络布线系统安装施工说明：

网络布线系统安装施工在网络布线实训装置进行，如图 13-48 所示。每个竞赛队 1 个赛位，竞赛赛位宽度约为 2.9 m，深度约 7.05 m。竞赛操作不得跨区作业、跨区走动及跨区放置材料。

竞赛过程中，不得对仿真墙体、模拟 CD、BD 机架装置进行位置移动操作，具体链路施工路由要求，请按赛卷题目要求及图 13-54、图 13-58、图 13-59 中描述的位置进行。具体要求如下：

（1）图 13-59 中 101、102……310 为信息插座编号。

（2）所有信息点全部为数据信息点，使用数据模块端接。

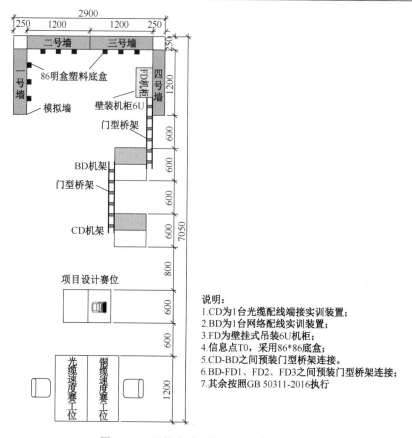

图 13-58　网络布线工程安装链路俯视图

（3）RJ-45 水晶头按照 T568B 线序端接。4 对双绞线电缆端接 110 配线架连接模块时按照线序（白蓝、蓝、白橙、橙、白绿、绿、白棕、棕）端接。RJ-11 水晶头按照线序（白绿、蓝、白蓝、绿）制作。25 对室内大对数电缆按照主次线序（主色依次为白、红、黑、黄、紫,次/辅色依次为蓝、橙、绿、棕、灰）端接。

（4）FD 机柜内放置设备/器材（由上至下）为：网络配线架 W1、网络配线架 W2、110 配线架 Y1、光纤配线架 G2。

按照图 13-54、图 13-58、图 13-59 所示完成干线子系统布线安装，包括：FD 机柜、网络配线架、光纤配线架、110 配线架，线缆布放、端接、链路标识。要求：主干链路路由正确，预留缆线长度适中，端接端口对应合理，端接位置符合图中所示的要求。

任务一　安装配线架

完成 FD1、FD2、FD3 机柜内配线架安装。

任务二　完成 BD-FD 线缆布放

完成 BD-FD 线缆布放，在 BD-FD 之间的门型桥架上布放 6 根单芯皮线光缆、3 根 25 对室内大对数电缆和 6 根超 5 类非屏蔽双绞线电缆。分别穿入 FD1、FD2、FD3 机柜内（各 FD 机柜布线类型、数量相同，每个 FD 机柜进线分别为：2 根单芯皮线光缆、1 根室内 25 对大对数电缆、2 根超 5 类非屏蔽双绞线电缆）。

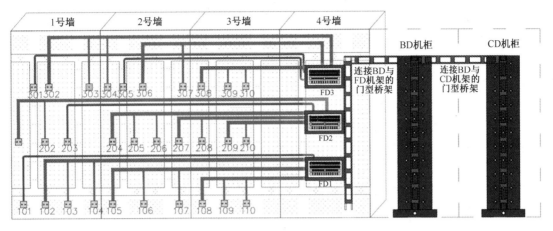

图例说明:
1 ▦ 表示双口信息插座　　　6 ━━ 表示20*10PVC线槽　　　6 FD机柜内配线架的安装位置如下:
2 ▣ 表示壁装AP（POE供电)7 ⌇ φ20黄腊管
3 ━ 表示φ20PVC线管
4 ▬ 表示40*20PVC线槽
5 ▦▦ 门型桥架

图 13-59　仿真墙主视图

　　要求全部线缆在两端机架和梯形桥架的布放必须保持平整、绑扎规范和美观。线缆与梯形桥架的所有接触点必须捆扎固定。线缆两端必须合理预留未来设备安装与调试等多种需要，预留线缆整理平整，分别放在 BD 机架底座上、各 FD 机柜内。

任务三　制作光纤接头并端接

　　6 根单芯皮线光缆的一端穿入 BD 机架光纤配线架 B1，制作光纤 SC 冷压接头接在光纤配线架 B1 的 1～6 号进线端口，相对应的另一端分别制作光纤 SC 冷压接头接入 FD1、FD2、FD3 机柜内光纤配线架 G2 的 1～2 号进线端口。

　　端口对应关系为:
　　（1）BD 机架光纤配线架 B1 的 1 号进线端口对应 FD1 机柜光纤配线架 G2 的 1 号进线端口；
　　（2）BD 机架光纤配线架 B1 的 2 号进线端口对应 FD1 机柜光纤配线架 G2 的 2 号进线端口；
　　（3）BD 机架光纤配线架 B1 的 3 号进线端口对应 FD2 机柜光纤配线架 G2 的 1 号进线端口；
　　（4）BD 机架光纤配线架 B1 的 4 号进线端口对应 FD2 机柜光纤配线架 G2 的 2 号进线端口；
　　（5）BD 机架光纤配线架 B1 的 5 号进线端口对应 FD3 机柜光纤配线架 G2 的 1 号进线端口；
　　（6）BD 机架光纤配线架 B1 的 6 号进线端口对应 FD3 机柜光纤配线架 G2 的 2 号进线端口。

任务四　完成大对数电缆配线端接

　　正确安装各顶层的 5 对连接模块。3 根 25 对室内大对数电缆端接方式为:
　　第 1 根一端端接在 BD 机架 110 配线架 B2 的 26～50 线对（110 配线架左下位置），另一端端接在 FD1 机柜内 110 配线架 Y1 的 1～25 线对（110 配线架左上位置）。

第 2 根一端端接在 BD 机架 110 配线架 B2 的 51～75 线对（110 配线架右上位置），另一端端接在 FD2 机柜内 110 配线架 Y1 的 1～25 线对（110 配线架左上位置）。

第 3 根一端端接在 BD 机架 110 配线架 B2 的 76～100 线对（110 配线架右下位置），另一端端接在 FD3 机柜内 110 配线架 Y1 的 1～25 线对（110 配线架左上位置）。

任务五　程控交换机挑线端接

制作 3 根长度适中的铜缆跳线，其中：

（1）第 1 根一端端接在 BD 机架 110 配线架 B2 的 26～29 线对（110 配线架左下位置）5 对连接模块上层，另一端制作 RJ-11 水晶头接入程控交换机的 801 号分机端口。

（2）第 2 根一端端接在 BD 机架 110 配线架 B2 的 30～33 线对（110 配线架左下位置）5 对连接模块上层，另一端制作 RJ-11 水晶头，接入程控交换机的 802 号分机端口。

（3）第 3 根一端端接在 BD 机架 110 配线架 B2 的 34～37 线对（110 配线架左下位置）5 对连接模块上层，另一端制作 RJ-11 水晶头，接入程控交换机的 803 号分机端口。具体如图 13-60 所示。

任务六　智能布线管理系统跳线安装

步骤 1：安装跳线。

如图 13-61 所示，完成 BD 机架智能布线管理系统跳线安装。图中红色线条代表智能网络跳线，绿色线条代表普通网络跳线。6 根智能网络跳线使用定制成品跳线，一端接入智能配线架 S1 的 1～6 号端口，另一端接入智能配线架 S2 的 1～6 号端口，端口一一对应。

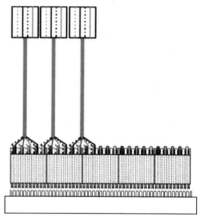

图 13-60　程控交换机跳线端接

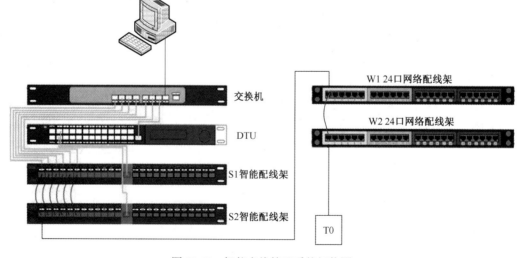

图 13-61　智能布线管理系统拓扑图

（1）制作 6 根长度适中的普通网络跳线，一端端接在智能配线架 S1 的 1～6 号端/压接模块，另一端接入交换机 1～6 号 LAN 口，端口一一对应。

（2）制作 1 根长度适中的普通网络跳线，一端接入智能管理单元管理端口，另一端接入交换机 7 号 LAN 口。

（3）制作 2 根长度适中的普通网络跳线，一端接入智能管理单元 1～2 号端口，另一端分别接入智能配线架 S1、S2 的监控端口，端口一一对应。S1、S2 为集成式智能配线架。

步骤 2：配置智能配线架模块压接。

（1）如图 13-61 所示，6 根超 5 类非屏蔽双绞线电缆的一端分别端接在 BD 机架智能配线架 S2 的 1-6 号端/压接模块，相对应的另一端分别端接在 FD1、FD2、FD3 机柜内网络配线架 W1 的 1-2 号端/压接模块。端口对应关系为：

（2）BD 机架智能配线架 S2 的 1 号端/压接模块—FD1 机柜网络配线架 W1 的 1 号端/压接模块；

（3）BD 机架智能配线架 S2 的 2 号端/压接模块—FD1 机柜网络配线架 W1 的 2 号端/压接模块；

（4）BD 机架智能配线架 S2 的 3 号端/压接模块—FD2 机柜网络配线架 W1 的 1 号端/压接模块；

（5）BD 机架智能配线架 S2 的 4 号端/压接模块—FD2 机柜网络配线架 W1 的 2 号端/压接模块；BD 机架智能配线架 S2 的 5 号端/压接模块—FD3 机柜网络配线架 W1 的 1 号端/压接模块；

（6）BD 机架智能配线架 S2 的 6 号端/压接模块—FD3 机柜网络配线架 W1 的 2 号端/压接模块。

步骤 3：完成扎带标签。

BD-FD 之间所有链路使用扎带式标签进行标识，两端均需设置标识。

（1）第 1 根光缆链路标识为"B-F-G1"、第 2 根光缆链路标识为"B-F-G2"……第 6 根光缆链路标识为"B-F-G6"，以此类推，从 BD 机架光纤配线架 B1 的 1 号进线端口依次标识。

（2）第 1 根室内大对数链路标识为"B-F-Y1"、第 2 根室内大对数链路标识为"B-F-Y2"、第 3 根室内大对数链路标识为"B-F-Y3"，从 BD 机架 110 配线架 B2 的 26～50 线对依次标识。

（3）第 1 根双绞线链路标识为"B-F-D1"、第 2 根双绞线链路标识为"B-F-D2"……第 6 根双绞线链路标识为"BF-D6"。以此类推，从 BD 机架智能配线架 S2 的 1 号端/压接模块依次标识。

模块六　配线子系统布线安装（360 分）

按照图 13-59 所示，完成底盒、模块、面板、线槽/线管、电话分机、网络摄像机、无线 AP 的安装，线缆布放以及端接，链路标识。

要求安装位置正确、剥线长度适中、线序和端接正确，预留线缆长度适中，剪掉多余牵引线。

任务一　完成线槽/线管安装及布线

完成 FD1、FD2、FD3 配线子系统 PVC 线槽/线管安装及布线。39 mm×18 mm PVC 线槽和 20 mm×10 mm PVC 线槽自制直角、阴角安装和布线，39 mm×18 mm PVC 线槽与 20 mm×10 mm PVC 线槽连接配件均通过线槽切割拼接完成。Φ20 PVC 冷弯管使用管卡、自制弯头安装和布线。

任务二　完成数据信息点链路端接

数据信息点链路全部使用超 5 类非屏蔽双绞线电缆，一端端接数据模块（无线 AP 为 RJ-45 水晶头）并安装在面板上，另一端穿入本楼层 FD 机柜中，并且完成 FD 机柜内网络配线架的安装与端接。所有数据信息点按照信息插座编号从小到大的顺序从网络配线架 W2 的 1 号端/压接模块开始依次端接。

任务三　制作 6 根长度适合的网络跳线

制作 6 根长度适合的网络跳线，分别连接 FD1、FD2、FD3 机柜内网络配线架 W1 的 1～2 号端口和网络配线架 W2 的 1、5 号端口。

端口对应关系为：网络配线架 W1 的 1 号端口—网络配线架 W2 的 1 号端口，网络配线架 W1 的 2 号端口—网络配线架 W2 的 5 号端口。

任务四　将数据信息点转换为语音信息点

将数据信息点转换为语音信息点。制作 3 根长度适合的铜缆跳线。其中：

第 1 根一端端接在 FD1 机柜内 110 配线架 Y1 的 1～4 线对（110 配线架左上位置）5 对连接模块上层，另一端制作 RJ-45 水晶头，接入 FD1 机柜内网络配线架 W2 的 14 号端口。

第 2 根一端端接在 FD1 机柜内 110 配线架 Y1 上 5～8 线对（110 配线架左上位置）5 对连接模块上层，另一端制作 RJ-45 水晶头，接入 FD1 机柜内网络配线架 W2 的 16 号端口。

第 3 根一端端接在 FD1 机柜内 110 配线架 Y1 上 9～12 线对（110 配线架左上位置）5 对连接模块上层，另一端制作 RJ-45 水晶头，接入 FD1 机柜内网络配线架 W2 的 18 号端口。

任务五　标签标识

FD-TO 之间所有链路两端均需使用标签进行标识。FD 端使用扎带式标签标识，TO 端使用信息面板标签纸标签标识。链路标签由信息插座编号与信息插口编号组成，L 代表左端口，R 代表右端口，A 代表无线 AP，如 101-L、101-R、303-A 等。标签贴于网络插口上方中央位置，要求标签尺寸裁剪适中、美观。

任务六　完成电话网络摄像机安装

步骤 1：完成电话分机通路安装。将 2 部电话分机分别安装在 109 信息插座附近合适的位置，制作 2 根长度适中的语音跳线，一端为 RJ-11 水晶头，分别连接分机 1、分机 2，另一端为 RJ-45 水晶头，分别接入 108 和 109 信息插座的右侧端口。

步骤 2：完成网络摄像机安装。将网络摄像机安装在 201 信息插座附近合适的位置，制作 1 根长度适合的网络跳线，一端连接网络摄像机，另一端接入 201 信息插座的左侧端口。通过竞赛用计算机桌面的网络摄像机客户端，调出网络摄像机监控画面（网络摄像机在添加客户端时使用的用户名为"admin"，密码为"QX123456"），监控画面必须显示网络布线实训装置上安装的 FD1 机柜。并对监控画面进行截图，保存为 JPEG 格式，文件名为"网络摄像机监控画面"，并保存到"其余竞赛成果-n"文件夹下。

步骤 3：完成智能布线管理系统配置。启动智能布线管理软件。打开浏览器，在地址栏输入"http://127.0.0.1:8080"后回车，输入户名为"admin"，密码为"123456"，单击登录按键。登录成功单击右上角"查看模式"依次单击大厦 1、楼层 1、配线间 1，分别对楼层信息点分布页面和楼层配线间管理界面进行截图，保存为 JPEG 式，分 34 别以"楼层信息点分布图"和"楼层配线间管理界面"命名，并保存到"其余竞赛成果-n"文件夹下。

步骤 4：完成 FD3 工作区子系统无线 AP（POE 供电）安装和调试。打开浏览器，在地址栏输入"http://192.168.0.254"（出厂默认 IP 地址）后回车，输入默认用户名和密码，进入无线 AP 设置界面进行配置。其中无线 AP 的 IP 地址、无线网络名称（SSID）按照"无线 AP 配置参数表"（现场发放）中指定的参数进行配置。拔掉竞赛用计算机的网络跳线，使用无线网卡连接本竞赛赛位无线网络，调出并保持监控画面窗口。

模块七 网络布线项目管理（80 分）

（1）现场设备、材料、工具堆放整齐、有序。
（2）安全施工、文明施工、合理使用材料。

网络布线项目管理，第一天 40 分，第二天 40 分，总计 80 分。

参 考 文 献

[1] 中华人民共和国住房和城乡建设部. 综合布线系统工程设计规范：GB 50311—2016[S]. 北京：中国计划出版社，2017.

[2] 中华人民共和国住房和城乡建设部. 综合布线系统工程验收标准：GB/T 50312—2016[S]. 北京：中国计划出版社，2017.

[3] 中华人民共和国住房和城乡建设部. 数据中心设计规范：GB 50174—2017[S]. 北京：中国计划出版社，2017.

[4] 中国工程建设标准化协会信息通信专业委员会综合布线工作组. 数据中心布线系统设计与施工技术白皮书. DOI：CNKI:SUN:GCYZ.0.2008-07-020.

[5] 王公儒. 网络综合线工程技术实训教程[M]. 北京：机械工业出版社，2009.

[6] 西安开元电子实业有限公司. 网络配线实训装置产品使用说明书. 详见：西安开元电子实业有限公司网站.

[7] 余明辉. 综合布线技术教程[M]. 北京：清华大学出版社，北京交通大学出版社，2006.

[8] 黎连业，等. 网络综合布线基础教程[M]. 北京：机械工业出版社，2005.